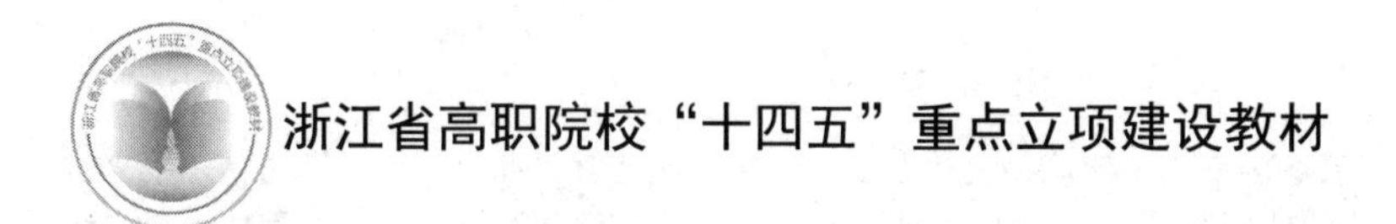

Python从语法到应用实战

主　编　吴禀雅　赵兴文　王　志
副主编　汤卓远　王　雪　曲欣欣

電子工業出版社
Publishing House of Electronics Industry
北京 · BEIJING

内 容 简 介

Python是当前非常流行的适用于人工智能、大数据等专业领域的计算机高级程序设计语言，越来越多的读者希望能掌握Python的使用方法。本书通过介绍Python的基础语法和标准化结构程序设计，帮助读者掌握Python程序编写的基本方法和技巧，并进一步通过各个示例，来培养读者的逻辑思维和理论联系实际、动手解决实际问题的能力。

本书首先从Python的简介和环境搭建开始，介绍了Python的基础语法、编码规范、数据类型等，特别介绍了Python字符串的灵活使用；然后介绍了标准化结构程序设计，包括顺序结构、选择结构和循环结构；还介绍了Python函数、自定义函数的创建及使用方法；最后介绍了常用的numpy库和pandas库的使用方法。

本书采用项目的形式进行组织，设计了丰富的示例，让读者在实战中提升编程能力，并学会利用Python解决实际问题。在示例的选择上，本书采用了较为浅显易懂的方式，避免使用过多的专业术语，让读者更容易理解和接受，同时设计了较为生动有趣的项目场景，激发读者学习的兴趣和动力。

本书不仅适合Python零基础的读者作为入门教材学习，也适合具有一定基础的读者进行实战提升。读者通过丰富的实战项目，既能在实际操作中掌握和提升编程技巧，还能为其学习Python爬虫技术、机器学习、深度学习、大数据分析、数据可视化等打下扎实的语言基础。

图书在版编目（CIP）数据

Python从语法到应用实战 / 吴禀雅，赵兴文，王志主编. -- 北京 : 电子工业出版社，2025. 1. -- ISBN 978-7-121-49645-5

Ⅰ. TP312.8

中国国家版本馆CIP数据核字第2025K8B228号

责任编辑：刘　洁
印　　刷：三河市龙林印务有限公司
装　　订：三河市龙林印务有限公司
出版发行：电子工业出版社
　　　　　北京市海淀区万寿路173信箱　　邮编：100036
开　　本：787×1092　1/16　印张：11.5　字数：245千字
版　　次：2025年1月第1版
印　　次：2025年1月第1次印刷
定　　价：44.80元

凡所购买电子工业出版社图书有缺损问题，请向购买书店调换。若书店售缺，请与本社发行部联系，联系及邮购电话：（010）88254888，88258888。

质量投诉请发邮件至zlts@phei.com.cn，盗版侵权举报请发邮件至dbqq@phei.com.cn。

本书咨询联系方式：（010）88254178，liujie@phei.com.cn。

前　言

Python，这门强大而传奇的编程语言，可以说开启了一个全新的时代。Python 以其简洁的语法、灵活的特性、开源的优势，成为自动化脚本、网络开发、人工智能等领域的首选语言。Python 是通行的“钥匙”，有了这把“钥匙”，用户就可以开启现代科技的大门，去探索计算机世界的广袤原野，去创造属于自己的作品。

Python 有着许多突出的优势。它功能强大，拥有丰富的标准库和第三方库，涵盖了数据处理、网络编程、图形界面开发等各个方面，可以满足人们的各种编程需求。这意味着读者可以用 Python 完成从简单的脚本编写到复杂的机器学习模型构建等各种任务，而无须学习多种语言去应对不同的使用场景。Python 拥有庞大而活跃的社区，众多 Python 的爱好者聚集在社区中，为渴望学习 Python 的人提供了丰富的学习资源和技术支持。读者在学习和应用的过程中，无论是遇到了无法解决的问题，还是为了寻求灵感，都能在社区中找到答案和获得帮助。Python 在数据科学、机器学习、人工智能、网络开发等领域，均拥有着广阔的应用前景。掌握 Python 能够让读者在各个行业、各个领域都有用武之地，为其职业发展打下坚实的基础。

本书正是为了帮助读者踏上 Python 编程之旅精心打造的。相信通过本书的学习，读者一定能紧随时代的潮流，实现自己的梦想。

本书采用了以项目为导向的内容编排方式，利用项目的形式进行组织，一共包括 8 个项目。项目 1 是 Anaconda 安装与配置，介绍了 Python 的特点、发展概况，还介绍了 Anaconda 开发环境的安装和使用方法；项目 2 是 Python 基础语法，介绍了 Python 的标识符、变量和常量、注释、缩进、表达式和运算符等概念及其使用方法；项目 3 是流程控制，介绍了标准化程序结构，如顺序结构、选择结构和循环结构的常用语句及程序设计方法；项目 4 是画作复原，介绍了 Python 中常用的数据类型，如列表、元组、集合、字典等的概念、特点及其使用方法；项目 5 是动态绘制红色旗帜，介绍了 Python 常见函数的语法及其使用方法，还介绍了自定义函数的创建及调用方法，强调了作用域；项目 6 是破译凯撒密码，介绍了字符串的索引与切片，以及转义字符的使用方法；项目 7 是绘制城市经济热力图，介绍了 numpy 库的常用函数及其使用方法；项目 8 是对 IMDb 电影数据进行分析，介绍了 pandas 库的常用函数及其使用方法。

本书通过 8 个精心设计的项目，将每个学习任务都融入其中。每个项目都基于实际应用的案例，涉及的知识都与项目紧密相关。每个项目都需要读者综合运用所学的知识和编程技巧，从而锻炼读者的编程思维和实践能力，提升读者的综合能力。读者在完成项目的过程中，能够直观地了解理论知识在实际项目中的应用效果，从而加深对知识的理解和记忆。这些结合实际的具体案例使理论知识更加生动，使读者更易于理解和掌握；而生动的项目场景可以吸引读者的学习兴趣、激发其学习动力。

本书在设计编排时以“够用”为原则，由浅入深、循序渐进，既要保证读者能学习到 Python 的基础知识、语法规范和编程技巧，又要避免过于深奥的专业术语和代码引起读者的畏难情绪。本书每个项目的内容都建立在前面项目的基础上，确保读者能够循序渐进地逐步掌握 Python 的使用方法，并利用项目实战的方式进一步训练读者进行大型项目开发的能力。

本书的项目 1、项目 6 由汤卓远编写，项目 2 由曲欣欣编写，项目 3 由吴禀雅、葛大庆编写，项目 4 由王雪编写，项目 5、项目 7、项目 8 由赵兴文编写。吴禀雅、赵兴文和王志负责了本书大纲设计、章节知识规划及全书统稿修改等任务。

为了提升读者的学习效果，本书提供了配套学习资源，包括课件和视频，其内容涵盖了本书中的所有知识和项目。读者可以通过观看课件和视频，更加直观地理解知识，并能在操作演示的指引下完成项目实战。本书还配备了丰富的习题资源，有助于读者通过拓展练习提升自己的编程水平。详细的习题解析便于读者自主学习。

由于编者能力有限，本书难免存在不足之处，希望广大读者批评、指正。

目　录

项目1

Anaconda 安装与配置

项目介绍

Python 的起源可以追溯到 1989 年，由荷兰人吉多·范罗苏姆（Guido van Rossum）创建，1982 年，吉多·范罗苏姆从阿姆斯特丹大学获得了数学和计算机硕士学位。1989 年，为了打发圣诞节假期，吉多·范罗苏姆开始编写 Python 编译器。1991 年，第一个 Python 编译器诞生。它是用 C 语言实现的，并能够调用 C 语言的库文件。1994 年，Python 1.0 正式发布。2000 年，Python 2.0 发布，Python 的发展进入了新的历史阶段，Python 的影响逐渐增大，语言的生态圈也开始形成。2008 年，Python 3.0 发布，从 Python 2.0 到 Python 3.0 是一个大版本的升级，Python 3.0 并不能做到完全兼容 Python 2.0，Python 2.0 的代码不能完全被 Python 3.0 的编译器运行，因此 Python 3.x 的很多特性被移植到 Python 2.x 中。目前主流使用的版本为 Python 3.x。

Python 是初学者学习编程的主流语言，是一种不受局限、跨平台的编程语言，其功能强大、易写且易读，能在 Windows、macOS 和 Linux 等操作系统上运行。与传统的编程语言相比，Python 代码的编写方式更加简洁，语法非常贴近人类语言。到目前为止，Python 仍然是免费开源的，其免费开源的特性也成就了 Python 强大的生态，众多的标准库与第三方库不仅方便了开发者使用，也在继续完善其语言生态。

目前，Python 在爬虫开发、Web 应用开发、桌面软件、网络编程、云计算、人工智能、自动化运维、数据分析、科学计算、游戏开发等方面都有着非常广泛的应用。特别是在网络爬虫与 Web 应用开发方面，Python 占有很大优势。Python 拥有比较丰富的库，对各种网络协议的支持很完善。Python 具有与 Web 交互十分完善的库，如 Django、TurboGears、Web2py 等框架。因此也产生了 Web 后端开发、数据接口开发、自动化运维、自动化测试、科学计算与可视化、数据分析、量化交易、机器人开发、图像识别与处理等一系列程序开发技术。

任务安排

任务 1　下载 Anaconda 安装包。

任务 2　安装 Anaconda 工具。

学习目标

✧ 了解 Python 的发展史。

✧ 掌握 Anaconda 的安装方法。

✧ 能够配置 Python 开发环境。

任务 1　下载 Anaconda 安装包

1.1.1　Anaconda 介绍

Anaconda 是一个安装、管理 Python 相关包的软件，自带 Python、Jupyter Notebook、Spyder。Anaconda 包含了 conda、Python 在内的超过 180 个科学包及其依赖项。Anaconda 是从 conda 这个包管理器和环境管理之上发展来的，所以它可以使用 conda 来对依赖包实现安装、卸载、更新等操作。Anaconda 可以使用 conda 建立多个不同的虚拟环境，作用是分隔不同项目所需要的不同版本的包，可以很好地预防版本冲突。

Anaconda 是 Python 的一个发行版本，也是一个主流的数据分析工具。相比于 Python 自带的 IDE，Anaconda 的功能是非常强大的，在可视化、用户交互上要比 IDE 方便得多，特别是进行程序开发时，能够更好地提高程序的开发效率。

1.1.2　安装准备

打开 Anaconda 官网，下载安装包，下载页面如图 1.1 所示。

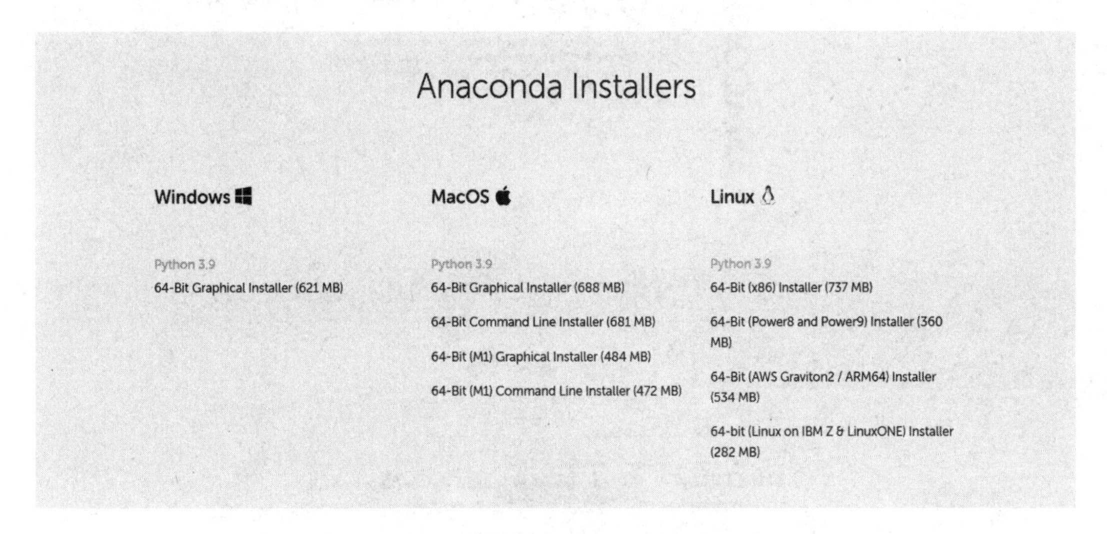

图 1.1　Anaconda 安装包下载页面

Anaconda 可应用于多个操作系统（Windows、macOS 和 Linux），可以根据不同的操作系统选择合适的安装包。如果是 Windows，则需要根据操作系统是 64 位还是 32 位选择对应的安装包。

任务 2　安装 Anaconda 工具

1.2.1　在 Windows 中安装 Anaconda

以 64 位操作系统为例，从官网下载安装包 Anaconda3-2022.10-Windows-x86_64.exe。安装向导如图 1.2 所示，单击“Next”按钮开始安装。

“Just Me”单选按钮表示只供当前 Windows 账户使用，“All Users”单选按钮表示供这台计算机上的所有账户使用，两者的区别是使用权限问题。如果当前计算机只有一个账户，则“Just Me”单选按钮的功能和“All Users”单选按钮的功能是一样的，如图 1.3 所示。

选择 Anaconda 的安装路径。安装软件时一般会默认安装在 C 盘中，但是 C 盘的内存有限，而 C 盘作为系统盘可能对计算机的运行速度产生影响，因此建议安装在计算机的其他盘的目录中，在安装路径中不要使用中文、空格及其他特殊字符，如图 1.4 所示。

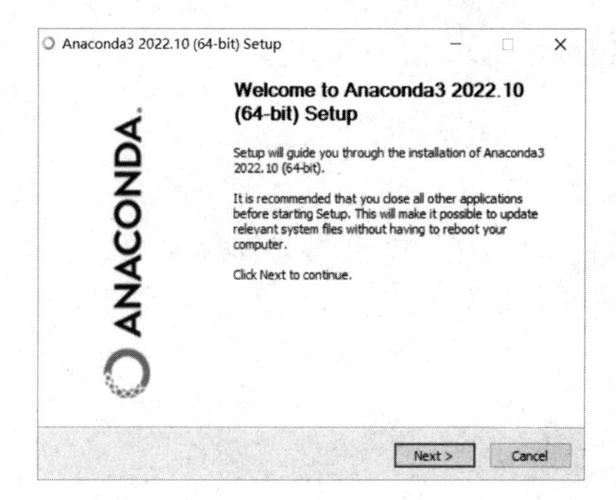

图 1.2　安装向导

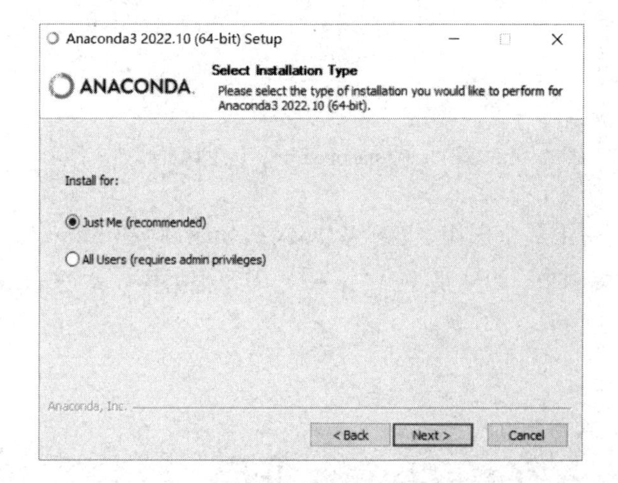

图 1.3　设置使用权限

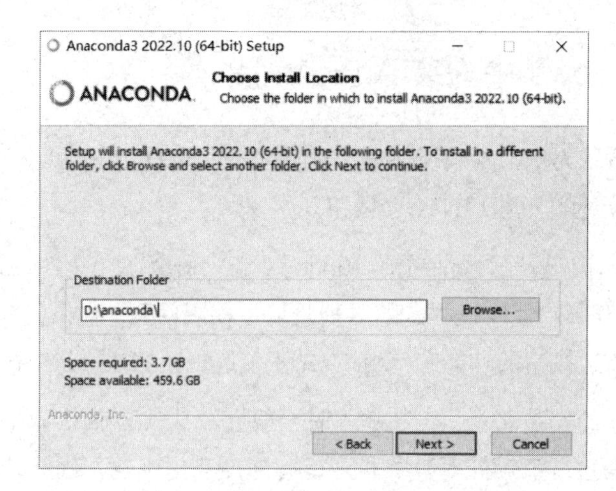

图 1.4　选择安装路径

勾选“Add Anaconda3 to my PATH environment variable”复选框，将 Anaconda 添加到环境变量中，后期使用时就不需要配置环境变量了。勾选“Register Anaconda3 as my default Python 3.9”复选框，设置 Anaconda 默认的 Python 版本为 3.9，单击“Install”按钮安装，如图 1.5 所示。

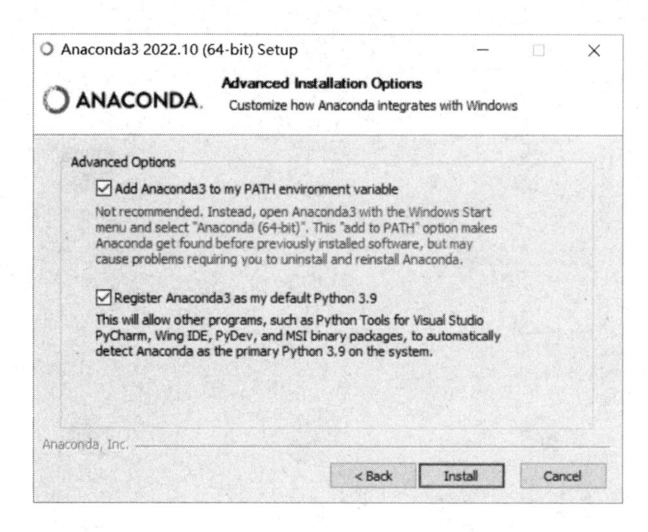

图 1.5　添加环境变量和 Python 版本

安装完成后，检查是否安装成功，查看安装的插件信息。

检查 Anaconda 是否安装成功的方法 1：依次选择“开始”→“Anaconda3（64-bit）”→“Anaconda Prompt”命令，在“Anaconda Prompt”页面中输入“conda list”命令，查看已经安装的包名和版本号，如图 1.6 所示。也可以双击桌面上的“Anaconda Navigator”图标，如果可以成功启动 Anaconda Navigator，则说明安装成功。目前 Anaconda 安装成功后不会在桌面添加应用的图标。

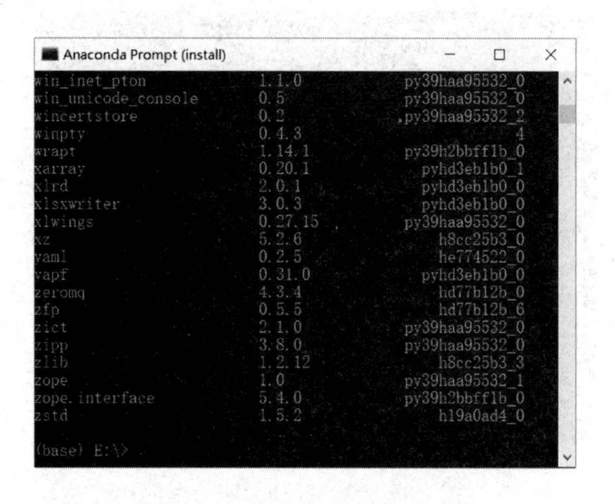

图 1.6　查看 Anaconda 配置信息

检查 Anaconda 是否安装成功的方法 2：依次选择“开始”→“Anaconda3（64-bit）”→“Anaconda Navigator”命令，启动成功后进入 Anaconda 主界面，如图 1.7 所示。

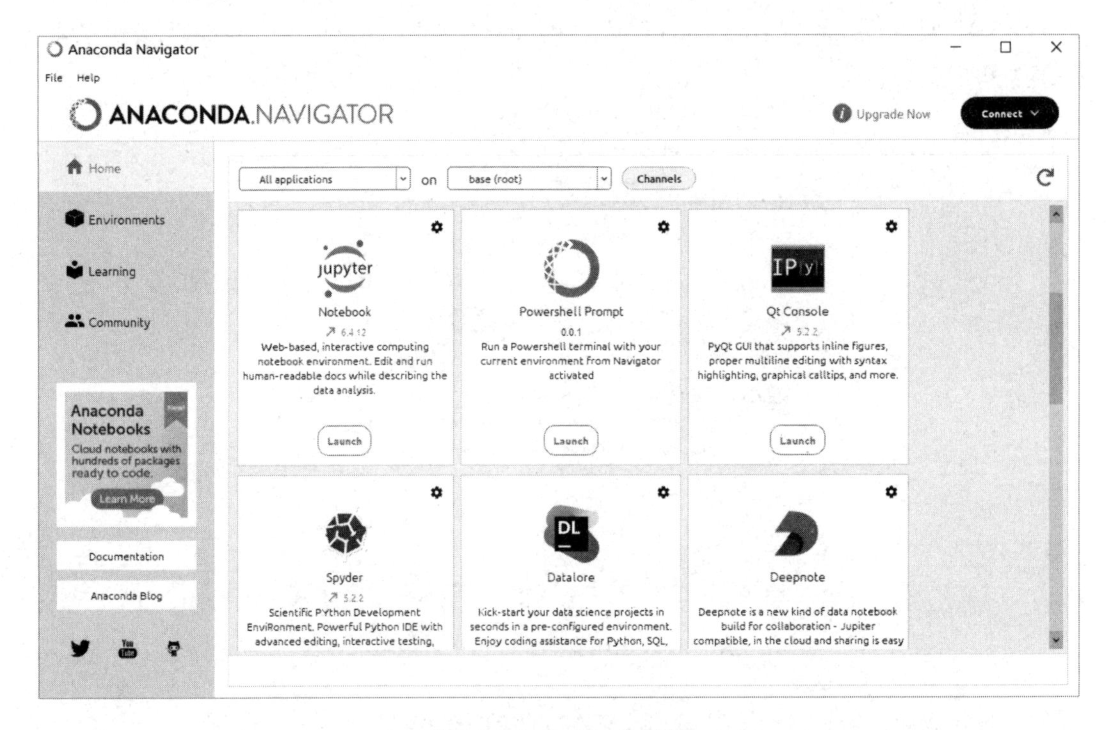

图 1.7　Anaconda 主界面

在安装 Anaconda 的过程中，会自动为计算机配置 Python 开发环境，所以不需要单独安装 Python 解释器。安装完成后，可以在终端窗口中输入“python --version”命令查看当前 Python 版本，如图 1.8 所示。

图 1.8　查看当前 Python 版本

1.2.2　在 macOS 中安装 Anaconda

以 macOS 为例，从官网下载安装包 Anaconda3-2022.10-MacOSX-x86_64.pkg。双击运行该安装包，安装向导如图 1.9 所示，单击“继续”按钮开始安装。

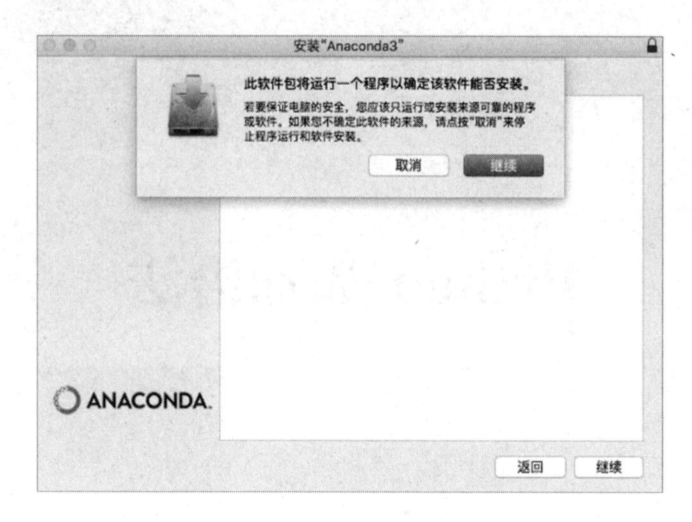

图 1.9　安装向导

相比于 Windows，Anaconda 在 macOS 中的安装比较简便。根据安装向导的提示，逐步完成 Anaconda 的安装，在安装完成后单击“关闭”按钮，如图 1.10 所示。

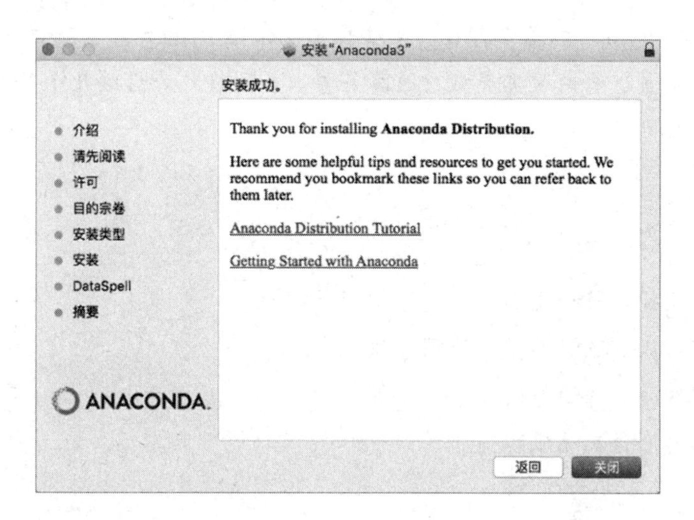

图 1.10　安装完成

在 macOS 中安装完成后，会在计算机的桌面上添加“Anaconda Navigator”图标。单击“Anaconda Navigator”图标，如果可以成功启动 Anaconda Navigator，则说明安装成功。启动成功后进入 Anaconda 主界面。

项目 2

Python 基础语法

项目介绍

通过项目 1 的学习，学生对 Python 已经有了基本认识，但要熟练使用 Python 编写程序，必须充分掌握 Python 的基础知识。本项目主要介绍 Python 的基础语法，包括标识符、关键字、变量、常量、基本数据类型、运算符等。本项目作为后续几个项目的基础，需要学生全面了解和掌握。

任务安排

任务 1　定义标识符和变量。

任务 2　掌握基本数据类型的使用方法。

任务 3　掌握运算符的使用方法。

任务 4　熟悉注释和编码规范。

学习目标

✧ 了解标识符和关键字的概念，能够正确定义标识符。

✧ 理解变量和常量的作用及特征，能够正确使用常量和变量。

✧ 了解数据类型的概念，掌握各种数据类型的使用方法。

✧ 了解运算符的概念，掌握各种运算符的使用方法。
✧ 熟悉 Python 的编码规范。

任务 1　定义标识符和变量

通过本任务，要求学生掌握 Python 中的标识符和关键字，理解变量和常量的作用及特征，并且能够掌握变量和常量的定义方式。

为了掌握标识符和变量的相关知识，学生需要理解标识符的概念并掌握标识符的命名规范；了解关键字的概念；理解变量和常量的作用及特征；掌握变量和常量的定义方式。

2.1.1　标识符和关键字

1. 标识符

标识符是指在计算机编程语言中允许作为名字的有效字符串集合，是专门用来命名的，包括变量名、常量名、函数名、类名等。在 Python 程序中，标识符命名应遵守以下规范。

（1）标识符由字母、数字和下画线（_）组成，并且不能以数字开头，如 1_message 是不合法的标识符。在 Python 3 之后的版本中，标识符中可以包含中文，但不推荐使用。

（2）标识符中的字母是区分大小写的，如 name 和 Name 是两个不同的标识符。

（3）标识符不可以使用 Python 的关键字，如 if 不能用作标识符。

下面的标识符都是合法的。

```
username
user_name
username2
_username
userName
```

下面的标识符都是不合法的。

```
2_username       #不允许以数字开头
Hello World      #不允许包含空格
user-name        #不允许包含短横线
import           #不允许使用关键字
```

在 Python 程序中定义的标识符必须要严格遵守以上规范，否则程序会报错。注意，这里的 import 是 Python 的关键字，具有特殊的功能，所以不能用作标识符。

2. 关键字

关键字是编程语言中事先定义好并赋予了特殊含义的单词。Python 中预留了许多关键字，如 if、for 等，编写程序时不能定义与关键字相同的标识符。

Python 的标准库提供了一个 keyword 模块（模块是扩展名为.py 的 Python 文件），可以输出当前版本的所有关键字。在交互式环境中输入以下代码即可输出 Python 的关键字，表 2.1 列出了 Python 中的所有关键字。

```
>>> import keyword
>>> print(keyword.kwlist)
```

表 2.1 Python 的关键字

False	None	True	and	as	assert	async
await	break	class	continue	def	del	elif
else	except	finally	for	from	global	if
import	in	is	lambda	nonlocal	not	or
pass	raise	return	try	while	with	yield

表 2.1 列出的每个关键字都具有特殊的功能。本书将逐步对这些关键字进行讲解，因此这里没有必要记住所有的关键字，只需要了解即可。

还可以通过 keyword.iskeyword()函数判断给定的字符串是否为 Python 的关键字，在交互式环境中输入以下代码即可。

```
>>> keyword.iskeyword('import')
True
>>> keyword.iskeyword('name')
False
```

2.1.2 变量和常量

1. 变量

变量是编程语言中保存和表示数据的一种语法，其实质是内存中存放数据的一块存储单元。变量就是数据在内存中存储之后定义的一个名称。使用变量可以快速地查找和引用内存中的数据。

定义变量的语法格式如下。

```
变量名 = 变量值
```

其中，变量值是指存储单元中存放的数据；变量名是给存储单元的命名；等号（=）用来给变量赋值，将等号右侧的值赋给等号左侧的变量。在交互式环境中输入以下代码。

```
>>> num = 5
>>> num
5
```

在上面的代码中，第 1 行代码定义了一个名为 num 的变量，在内存中创建了一个整数 5，并将变量 num 与整数 5 关联起来。变量 num 类似于一个标签，可以通过这个标签来引用整数 5。第 2 行代码将与 num 关联的值输出。

变量名与变量值的关系如图 2.1 所示。

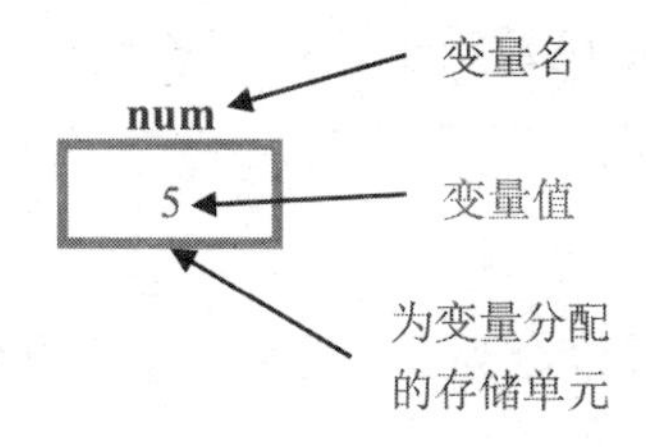

图 2.1　变量名与变量值的关系

顾名思义，变量值在程序运行过程中是可以改变的，可以通过赋值的方式修改变量值。在交互式环境中输入以下代码。

```
>>> num = 5
>>> num
5
>>> num = 8        # 创建一个新的整数 8，并将变量 num 与新的整数关联起来
>>> num
8
```

变量在使用过程中，需要特别注意以下几个关键点。

① Python 中的变量在使用前必须赋值，赋值以后该变量才会被创建。示例代码如下。

```
>>> num
Traceback (most recent call last):
  File "<pyshell#12>", line 1, in <module>
```

```
    num
NameError: name 'num' is not defined. Did you mean: 'sum'?
```

② Python 中的变量没有类型，“类型”是变量所指的内存中的对象的类型。一个变量可以通过赋值指向不同类型的对象。示例代码如下。

```
>>> x = 3
>>> type(3)          # 查看字面量的类型
<class 'int'>
>>> type(x)          # 查看变量存储的数据的类型
<class 'int'>

>>> x = 3.0
>>> type(3.0)
<class 'float'>
>>> type(x)
<class 'float'>
```

其中，Python 内置的 type()函数用于查看数据的类型，参数为被查看类型的数据，既可以是变量名，也可以是字面量（字面量是指被写在代码中固定的值，如 12、-1.2、'Python'等）。

上述代码的结果表明，变量没有类型，变量中存储的数据是有类型的。因此，如果一个变量被称为整型变量，那么是因为它存储了整数。

③ 为了增强代码的可读性，变量的命名除了要严格遵守标识符的命名规范，还应遵守以下命名规范。

- 见名知义，变量名要具有描述性，如 name 比 n 更好；同时应尽可能简洁，如 student_name 比 name_of_student 更好。
- 变量名中的字母应全部小写，如 message。
- 下画线命名法，当变量名由多个单词组成时，要使用下画线分隔，如 student_name。

2. 常量

常量就是在程序运行过程中，其值不能改变的量，如常用的数学常数 3.1415926 就是一个常量。

Python 没有内置的常量类型，但程序员会使用全部是大写字母的标识符来指出应将某个变量视为常量，其值应始终不变。在交互式环境中输入以下代码。

```
>>> PI = 3.1415926
```

上面的示例定义了一个常量 PI，其值为 3.1415926。

任务 2　掌握基本数据类型的使用方法

通过本任务，要求学生掌握 Python 中基本数据类型的使用方法，以及各种数据类型之间的转换。

为了掌握 Python 中基本数据类型的相关知识，学生需要了解数据类型的概念并掌握各种数据类型的使用方法；掌握各种数据类型之间的转换方法。

程序设计的本质是对数据进行处理，如文本、图形、音频、视频等，不同的数据需要定义不同的数据类型。Python 中的基本数据类型如表 2.2 所示。

表 2.2　Python 中的基本数据类型

数据类型		说明	示例
数字（Number）	整数（Int）	不带小数点的整数，包括正整数和负整数	12、−12
	浮点数（Float）	带小数点的数，包括正浮点数和负浮点数	3.14、−3.14
	复数（Complex）	由实部（Real）和虚部（Imaginary）两部分组成的数	4 + 3.14j
布尔（Bool）		布尔类型只有 True 和 False 两个值，分别表示逻辑真和逻辑假	True、False
字符串（Str）		以' '或" "括起来的任意数量的字符，用于描述文本	'Abc'、"Xyz"
列表（List）		写在方括号内、用逗号分隔的元素序列，用于描述有序的、可变的数据集合	[5, True, 'Python']
元组（Tuple）		写在圆括号内、用逗号分隔的元素序列，用于描述有序的、不可变的数据集合	(1, 'Hello', False)
集合（Set）		写在花括号内、用逗号分隔的元素序列，用于描述无序的、可变的、不重复的数据集合	{'Hello, 'World'}
字典（Dict）		一种映射类型，写在花括号内、用逗号分隔的元素序列，但元素是一个个的“键-值”对（Key-Value），用于描述无序的“Key-Value”型数据集合	{'Python':85, 'C':80}

本任务只介绍数字类型、字符串类型和布尔类型，其他数据类型会在后面的项目中介绍。

2.2.1 数字类型

用于表示数字或数值的数据称为数字类型。Python 提供了 3 种数字类型，包括整数、浮点数和复数。

1. 整数

Python 中的整数概念与数学中的整数概念一致，包括正整数和负整数，没有小数部分。整数的表示方法和数学中的写法也一致。

如果定义一个正整数，则可以在数字前面加上正号（+），也可以省略；如果定义一个负整数，则要在数字前面加上负号（-），且不能省略。示例代码如下。

```
>>> 18
18
>>> +18
18
>>> -15
-15
```

整数类型可以表示为十进制数、二进制数、八进制数和十六进制数等，默认使用十进制数。除十进制数外，其他 3 种进制数需要通过在数字前面添加前缀的方式指定。

- 二进制数：以 0b 或 0B 为前缀，由数字 0 和 1 组成，如 0b00110011。
- 八进制数：以 0o 或 0O 为前缀，由数字 0～7 组成，如 0o2662。
- 十六进制数：以 0x 或 0X 为前缀，由数字 0～9 和字母 a～f（或 A～F）组成，如 0x2F3。

示例代码如下。

```
>>> 0b00110011
51
>>> 0o2662
1458
>>> 0x2F3
755
```

在 Python 3 中，整数类型没有长度限制，可以存储任意整数。在大多数编程语言中，可能会因为计算中的数字或结果需要的存储空间超过了计算机所提供的存储空间（如 32 位或 64 位）而导致溢出问题，但 Python 在处理超大整数计算方面不会产生任何错误。示例代码如下。

```
>>> big_num = 10 ** 60          # 10的60次方
>>> big_num
1000000000000000000000000000000000000000000000000000000000000
```

在书写很大的数时，可以使用下画线将其中的数字分组，使其更清晰、易读。但是，在存储这种数时，Python 会忽略其中的下画线。在将数字分组时，即便不将每三位分为一组，也不会影响最终的值。在 Python 看来，1000 和 1_000 没什么不同，1_000 和 10_00 也没什么不同。这种表示法适用于整数和浮点数，但只有 Python 3.6 和更高的版本支持。示例代码如下。

```
>>> universe_age = 14_000_000_000
>>> print(universe_age)
14000000000
```

当打印这种使用下画线定义的数时，Python 不会打印其中的下画线。

2. 浮点数

Python 中的浮点数概念与数学中的实数概念一致，也就是带小数点的数，包括正浮点数和负浮点数。大多数编程语言都使用了浮点数这个术语，是因为按照科学记数法表示浮点数时，小数点的位置是可变的，如 1.23×10^9 和 12.3×10^8 是相等的。

浮点数有以下两种表现形式。

（1）十进制小数，由整数部分与小数部分组成。需要注意的是，浮点数的小数点必须有，但小数点后面可以没有数字，表示小数部分为 0。示例代码如下。

```
>>> 3.3
3.3
>>> -3.3
-3.3
>>> 12.
12.0
```

（2）科学记数法，当浮点数比较大或比较小时，采用科学记数法表示，用“e”或“E”表示以 10 为底的指数。“e”或“E”前面的常数称为尾数部分，“e”或“E”后面的常数称为指数部分，指数部分和尾数部分均不能省略，且指数部分必须为整数。示例代码如下。

```
>>> 123.456
123.456
>>> 1.23e13
12300000000000.0
```

```
>>> 1.2E-4
0.00012
>>> e4
Traceback (most recent call last)
Input In [27], in <cell line: 1>()----> 1 print(e4)
NameError: name 'e4' is not defined
>>> 1.23e
SyntaxError: invalid syntax
>>>1.23e3.4
SyntaxError: invalid syntax
```

3. 复数

Python 中的复数概念与数学中的复数概念一致，由实数部分和虚数部分构成，可以用 a+bj 或 complex(a,b)表示，复数的实数部分和虚数部分都是浮点数。需要注意的是，当虚数部分为 1 时，1 不能省略，否则 j 会被认为是程序中的一个变量，1j 才表示复数。示例代码如下。

```
>>> 4 + 3.14j
(4.0+3.14j)
>>> complex(4,3.14)
(4+3.14j)
>>> 1.3 + j
Traceback (most recent call last):
  File "<pyshell#74>", line 1, in <module>
    1.3 + j
NameError: name 'j' is not defined
```

4. math 模块

math 模块是一个数学库，包含了很多常用函数和数学常数，如表 2.3 所示。

表 2.3 math 模块的常用函数和数学常数

函数名或常数	说明	示例	结果
math.e	自然常数 e	math.e	2.718281828459045
math.pi	圆周率 π	math.pi	3.141592653589793
math.log(x[,base])	返回 x 的以 base 为底的对数	math.log(2)	0.6931471805599453

续表

函数名或常数	说明	示例	结果
math.log10(x)	返回 x 的以 10 为底的对数	math.log10(2)	0.3010299956639812
math.pow(x,y)	返回 x 的 y 次方	math.pow(2,3)	8.0
math.sqrt(x)	返回 x 的平方根	math.sqrt(16)	4.0
math.ceil(x)	返回不小于 x 的最小整数	math.ceil(3.5)	4
math.floor(x)	返回不大于 x 的最大整数	math.floor(3.5)	3
math.trunc(x)	返回 x 的整数部分	math.trunc(3.5)	3
math.fabs(x)	返回 x 的绝对值	math.fabs(-3.5)	3.5
math.sin(x)	返回 x（弧度）的三角正弦值	math.sin(5)	−0.9589242746631385
math.asin(x)	返回 x 的反三角正弦值	math.asin(0.5)	0.5235987755982989
math.cos(x)	返回 x（弧度）的三角余弦值	math.cos(5)	0.28366218546322625
math.acos(x)	返回 x 的反三角余弦值	math.acos(0.5)	1.0471975511965979
math.tan(x)	返回 x（弧度）的三角正切值	math.tan(5)	−3.380515006246586
math.atan(x)	返回 x 的反三角正切值	math.atan(0.5)	0.4636476090008061
math.atan2(x,y)	返回 x/y 的反三角正切值	math.atan2(2,1)	1.1071487177940904

要使用 math 模块，先要用“import math”语句引入 math 模块。在交互式环境中输入以下代码。

```
>>> import math
>>> math.pi
3.141592653589793
>>> math.floor(3.5)
3
```

2.2.2　字符串类型

计算机不仅能做狭义上的“计算”，也就是数值计算，还能做涉及文字、图片、音频、视频等数据的广义上的“计算”。字符串是一种基本的信息表示方式，可以存放任意数量的字符。

1. 创建字符串

在 Python 中，字符串是用一对双引号（""）或一对单引号（''）括起来的任意数量的字符，用于描述文本。示例代码如下。

```
>>> str1 = 'This is a String'
>>> str1
'This is a String'
>>> str2 = "This is a String"
>>> str2
'This is a String'
```

关于字符串的使用需要注意以下几点。

（1）引号可以是单引号，也可以是双引号。无论使用哪种引号，Python 对字符串的处理方式都是一样的。但是引号的开始与结束必须是相同类型的，如'abc'和"xyz"等，否则会引起错误。示例代码如下。

```
>>> str = 'Hello World"
SyntaxError: unterminated string literal (detected at line 1)
```

（2）'' 或 "" 本身只是一种表示方式，不是字符串的一部分，如字符串"str"只有 s、t、r 3 个字符。交互式解释器输出的字符串是使用单引号引起来的，除非字符串本身包含单引号。示例代码如下。

```
>>> str = "Hello World"
>>> str
'Hello World'
```

（3）之所以使用两种引号，是为了能够在字符串中包含引号和撇号。可以在双引号定义的字符串中使用单引号，或者在单引号定义的字符串中使用双引号。示例代码如下。

```
>>> str1 = "what's your name?"
>>> print(str1)
what's your name?
>>> str2 = 'I like "Python"!'
>>> print(str2)
I like "Python"!
```

（4）在 Python 中，空字符串是合法的，它不包含任何字符。示例代码如下。

```
>>> str = ""
>>> str
''
```

（5）在 Python 中，使用“+”可以将多个字符串或字符串变量拼接起来，产生新字符串；也可以直接将一个字面字符串（非字符串变量）放在另一个的后面，直接实现拼接。示例代码如下。

```
>>> str = "This" + " is" + " a" + " String"
>>> str
'This is a String'
>>> str = "This"" is"" a"" String"
>>> str
'This is a String'
```

（6）在 Python 中，使用“*”可以进行字符串的复制，产生新字符串，星号后面的数字为复制的次数。示例代码如下。

```
>>> str = "Hello World"
>>> str * 2
'Hello WorldHello World'
```

2．访问字符串

Python 中的字符串可以通过下标（索引）进行访问，有两种方式，如图 2.2 所示。

- 从左向右，下标从 0 开始，向右依次递增，最右侧字符的下标为字符串长度-1。
- 从右向左，下标从-1 开始，向左依次递减，最左侧字符的下标为-字符串长度。

字符计数包括空格，所以“Hello World”共有 11 个字符，H 的下标为 0，d 的下标为 10。

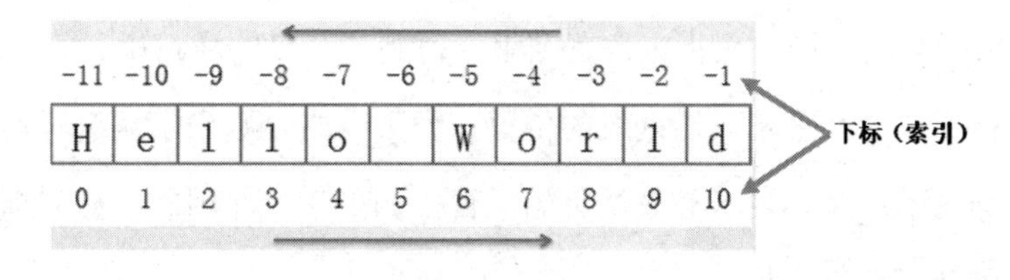

图 2.2　字符串的下标（索引）

（1）访问字符串中的单个字符。

当通过“字符串变量名[下标]”的方式获取字符串特定位置的单个字符时，要注意下标的取值范围，超出范围会报错。示例代码如下。

```
>>> str = "Hello World"
>>> str[0]
'H'
```

```
>>> str[-1]
'd'
>>> str[13]
Traceback (most recent call last):
  File "<pyshell#76>", line 1, in <module>
    str[13]
IndexError: string index out of range
```

Python 中的字符串不能被改变。例如，向一个下标位置赋值会导致错误。示例代码如下。

```
>>> str = "Hello World"
>>> str[0] = "h"
Traceback (most recent call last):
  File "<pyshell#20>", line 1, in <module>
    str[0] = "h"
TypeError: 'str' object does not support item assignment
```

如果要修改字符串，则只能新建一个字符串，原有字符串无法被修改。示例代码如下。

```
>>> str = "Hello World"
>>> str = "Hello Python World"
>>> str
'Hello Python World'
```

（2）截取字符串的子串。

通过“字符串变量名[起始下标:结束下标:步长]”的方式截取字符串的子串，表示从指定位置开始，依次取出字符，到指定位置结束，得到一个新的字符串。

- 起始下标（包含）表示开始截取的位置，如果省略，则表示从头开始截取。
- 结束下标（不包含）表示截取结束的位置，如果省略，则表示截取到结尾。
- 下标可以是正数或负数。
- 步长表示间隔的字符数，如果省略，则表示步长为 1。例如，步长为 2，表示每次跳过一个元素。
- 如果步长为负数，则表示反向截取子字符串，此时起始下标和结束下标也需要反向标记。

示例代码如下。

```
>>> str = "Hello World"
>>> print(str[0:-1])
```

```
Hello Worl
>>> print(str[2:5])
llo
>>> print(str[2:])
llo World
>>> print(str[:3])
Hel
>>> print(str[:])
Hello World
>>> str[1:4:2]
'el'
>>> str[::-3]
'dooe'
```

注意，此操作不会影响字符串本身，而是得到一个新的字符串，这样既可以保留原有的字符串，又可以得到一个新的子字符串，便于快速、简单地访问数据。

3．长字符串

如果希望得到一个跨多行的长字符串，则可以使用三重引号（三个双引号或三个单引号）来指定，该字符串输出时会保留跨行格式。示例代码如下。

```
>>> str = '''This is line1.
This is line2.'''
>>> str
'This is line1.\nThis is line2.'
```

用普通的一对引号也可以表示长字符串，但需要在每一行结尾的位置放一个反斜杠（\），表示这一行还没有结束，下一行的内容还是这个字符串的一部分。示例代码如下。

```
>>> str = "This is line1.\
This is line2."
>>> str
'This is line1.This is line2.'
```

与三重引号字符串不同，这种创建长字符串的方式并不会产生表示换行的“\n”，而是直接将两行字符串连接起来。

4．转义字符

Python 允许对某些字符进行转义操作，以此来实现一些难以用字符描述的效果。在字符的前面添加反斜杠（\），会使该字符的意义发生改变。Python 的转义字符如表 2.4 所示。

表 2.4　Python 的转义字符

转义字符	说明
\（在行尾时）	续行符
\\	反斜杠符号“\”
\'	单引号
\"	双引号
\a	响铃
\b	退格（Backspace）
\n	换行
\v	纵向制表符
\t	横向制表符
\r	回车
\f	换页
\oyy	1～3 位八进制数
\xyy	1～2 位十六进制数

转义字符（\）不计入字符串的内容中，最常见的转义符是“\n”与“\t”。示例代码如下。

```
>>> print("programming languages:\n\tPython\n\tJava\n\tC")
programming languages:
    Python
    Java
    C
```

由于 ' 和 " 会引起歧义，因此会用“\'”和“\"”表示单引号、双引号；前面添加一个“\”，表示这是一个普通字符，不代表字符串的起始。示例代码如下。

```
>>> print("He said: \"'Python' is his favorite language!\"")
He said: "'Python' is his favorite language!"

>>> print('He said: "\'Python\' is his favorite language!"')
He said: "'Python' is his favorite language!"
```

5. 原始字符串

如果不想让反斜杠（\）发生转义，则可以在字符串字面量前面添加一个字符“r”，表示这个字符串是原始字符串，其中的“\”不会被当作转义字符前缀，而是直接被编进字符串中。示例代码如下。

```
>>> str1 = 'Hello\nWorld'
>>> print(str1)
Hello
World

>>> str2 = r'Hello\nWorld'
>>> print(str2)
Hello\nWorld
```

“str1”是普通字符串，其中的“\n”被当作一个转义字符，从而形成换行的效果。而“str2”是原始字符串，其中的“\n”被当作普通的两个字符，所以就没有了换行的效果，直接把“\n”输出。

2.2.3　布尔类型

Python 支持布尔类型的数据。一个布尔类型的变量只有两个值：True 和 False，分别表示逻辑真和逻辑假。布尔类型变量的定义如下。

```
>>> flag = True
>>> flag
True

>>> can_edit = False
>>> can_edit
False
```

注意，True 和 False 都是 Python 中的关键字，当作为 Python 代码输入时，一定要注意字母的大小写，否则解释器会报错。

布尔类型的数据不仅可以通过定义得到，还可以通过关系运算符计算得到布尔类型的结果。示例代码如下。

```
>>> 8 > 5
True
>>> 'abc' < 'a'
False
```

布尔类型可以与其他数据类型进行运算。

（1）在 Python 3 中，布尔类型是整数类型的子类，True 和 False 的值分别为 1 和 0。所以，True 和 False 可以与数字进行算术运算。示例代码如下。

```
>>> a = True
>>> a + 2
3
>>> b = False
>>> b + 5
5
```

（2）布尔类型可以与其他数据类型进行逻辑运算。在 Python 中，除 0、空字符串、None 为 False 外，其他都为 True。示例代码如下。

```
>>> True and 0
False
>>> False or 1
True
```

2.2.4 空值

空值是 Python 中一个特殊的值，用 None 表示，其数据类型是 NoneType，表示没有对应的值，也就是所需要的值不存在。示例代码如下。

```
>>> type(None)
<class 'NoneType'>
```

None 在 Python 中非常重要，应用场景如下。

（1）声明无内容的变量，即暂时不需要给变量赋值，可以用 None 代替。示例代码如下。

```
>>> message = None
```

（2）作为 if 语句的判断条件，等于 False。

```
>>> if None:
    print("Hello World!")
```

（3）当函数无返回值时，可以使用 return 语句返回 None，如 print()函数的返回值就是 None。示例代码如下。

```
>>> temp = print("Hello World!")
Hello World!
```

```
>>> print(temp)
None
```

后续的项目会陆续介绍 None 的应用场景，此处不再详细介绍。

2.2.5　数据类型转换

在程序中，经常需要对不同类型的数据进行处理，有时需要对数据的类型进行转换。Python 提供了数据类型转换的内置函数，整数、浮点数、复数、布尔、字符串都可以通过内置函数进行转换。Python 内置转换函数如表 2.5 所示。

表 2.5　Python 内置转换函数

函数名	说明	示例	结果
bool(x)	将 x 转换为一个布尔值；当传入的参数为数值 0 或空序列等值时，结果为 False	bool(0)	False
int(x)	将 x 转换为一个整数；当没有参数传入时，结果为 0；对于字符串类型的参数，如果无法转换为数字，则报错	int(1.23)	1
float(x)	将 x 转换为一个浮点数，当没有参数传入时，结果为 0.0	float(5)	5.0
complex(real,[,imag])	创建一个复数，real 为实数部分，imag 为虚数部分	complex(5,1.4)	(5+1.4j)
str(x)	将对象 x 转换为一个字符串	str(8)	'8'
ord(x)	将一个字符转换为对应 ASCII 码的整数值	ord('a')	97
chr(x)	将一个整数转换为对应的 Unicode 字符	chr(15)	'\x0f'
bin(x)	将一个整数转换为二进制数字符串	bin(16)	'0b10000'
oct(x)	将一个整数转换为八进制数字符串	oct(23)	'0o27'
hex(x)	将一个整数转换为十六进制数字符串	hex(256)	'0x100'

当使用内置函数进行类型转换时，需要注意以下几点。

（1）任何数据类型都可以通过 str()函数转换为字符串。示例代码如下。

```
>>> str(10)
'10'
>>> str(-3.1415926)
'-3.1415926'
```

（2）字符串内必须是数字，才可以将其转换为数字类型，否则会报错。示例代码如下。

```
>>> float("   5.36448   ")
5.36448
>>> int("   53   6448   ")
Traceback (most recent call last):
  File "<pyshell#30>", line 1, in <module>
    int(str)
ValueError: invalid literal for int() with base 10: '   53   6448   '
```

（3）Python 提供了 ord()和 chr()两个内置函数，用于字符与 ASCII 码之间的转换。

字符包括字母、数字和特殊符号（!、\、|、@、#、空格等），所有字符在计算机中都对应一个整数的 ASCII 码值。其中，0～31 为非打印字符，规定了一些特殊的用途；32～127 为可打印字符，包括了所有大小写字母、数字、标点等。例如，大写字母 A 对应 65，小写字母 a 对应 97，如表 2.6 所示。

表 2.6　ASCII 码表

ASCII 码值	字符	ASCII 码值	字符	ASCII 码值	字符	ASCII 码值	字符
0	NUT	32	SPACE	64	@	96	`
1	SOH	33	!	65	A	97	a
2	STX	34	"	66	B	98	b
3	ETX	35	#	67	C	99	c
4	EOT	36	$	68	D	100	d
5	ENQ	37	%	69	E	101	e
6	ACK	38	&	70	F	102	f
7	BEL	39	'	71	G	103	g
8	BS	40	(	72	H	104	h
9	HT	41	)	73	I	105	i
10	LF	42	*	74	G	106	j
11	VT	43	+	75	K	107	k
12	FF	44	,	76	L	108	l
13	CR	45	-	77	M	109	m
14	SO	46	.	78	N	110	n

续表

ASCII 码值	字符	ASCII 码值	字符	ASCII 码值	字符	ASCII 码值	字符
15	SI	47	/	79	O	111	o
16	DLE	48	0	80	P	112	p
17	DC1	49	1	81	Q	113	q
18	DC2	50	2	82	R	114	r
19	DC3	51	3	83	S	115	s
20	DC4	52	4	84	T	116	t
21	NAK	53	5	85	U	117	u
22	SYN	54	6	86	V	118	v
23	ETB	55	7	87	W	119	w
24	CAN	56	8	88	X	120	x
25	EM	57	9	89	Y	121	y
26	SUB	58	:	90	Z	122	z
27	ESC	59	;	91	[	123	{
28	FS	60	<	92	\	124	|
29	GS	61	=	93	]	125	}
30	RS	62	>	94	^	126	~
31	US	63	?	95	_	127	DEL

ord()函数用于将字符转换为对应的 ASCII 码值，而 chr()函数用于将数值转换为对应的 ASCII 字符。在交互式环境中输入以下代码。

```
>>> ord('a')
97
>>> ord('A') + 2
67
>>> chr(48)
'0'
```

任务 3 掌握运算符的使用方法

通过本任务，要求学生了解表达式的概念，了解运算符的概念和分类，掌握各种运算符的使用方法及运算符的优先级。

为了掌握运算符的相关知识，学生需要了解表达式的概念；了解运算符的概念并掌握各种运算符的使用方法。

2.3.1 表达式

表达式是 Python 中最基本的编程结构，是一条具有明确执行结果的代码语句，由常量、变量和运算符或函数按规则构成。示例代码如下。

```
>>> 1 + 3 * 2
7
```

在上面的示例中，1+3*2 称为表达式，包含操作数（1、2、3）和运算符（+、*），并且可以得到一个结果（7）。

没有运算符的单个操作数也是一个表达式，表达式的结果就是操作数本身。示例代码如下。

```
>>> 5
5
```

表达式可以使用 Python 的所有运算符。示例代码如下。

```
>>> name = 'Alice'
>>> 'abc' > 'abd'
```

Python 中的运算符按照功能可分为 7 个类型，如表 2.7 所示。

表 2.7 Python 中的运算符类型

类型	运算符
算术运算符	+、-、*、/、//、%、**
赋值运算符	=、+=、-=、*=、/=、//=、%=、**=
关系运算符	==、!=、>、>=、<、<=
逻辑运算符	and、or、not
成员运算符	in、not in

续表

类型	运算符
身份运算符	is、is not
位运算符	<<、>>、~、|、^、&

2.3.2　算术运算符

算术运算符主要用于数学计算。Python 中的算术运算符如表 2.8 所示。

表 2.8　Python 中的算术运算符

运算符	说明	示例	结果
+	加法：运算符两侧的操作数相加	10 +11	21
-	减法：左侧操作数减去右侧操作数	10 - 21	-11
*	乘法：运算符两侧的操作数相乘	2 * 8	16
/	除法：左侧操作数除以右侧操作数	9 / 2	4.5
//	整除：左侧操作数除以右侧操作数，取整数部分（向下取整）	9 // 2 -9 // 2	4 -5
%	取模：右侧操作数除左侧操作数的余数	9 % 2	1
**	幂：乘方运算	10 ** 8	100000000

关于算术运算符的使用，需要特别注意以下几点。

（1）在 Python 中，由算术运算符连接数字类型操作数的运算式称为算术表达式。一个算术表达式可以连续运算任意个数，在运算时需要注意运算符的优先级。示例代码如下。

```
>>> 3 + 6 * 2 - 9
6
```

（2）浮点数和整数一样，可以使用运算符（+、-、*、/、//、%）进行运算。但是，由于整数和浮点数在计算机内部存储的方式是不同的，因此整数运算是精确的，而浮点数运算可能存在四舍五入的误差。示例代码如下。

```
>>> a = 2.1
>>> b = 3.2
>>> c = a + b
```

```
>>> c
5.300000000000001
```

（3）Python 3 之后，无论除法运算符（/）的操作数是整数还是浮点数，运算结果均为浮点数。示例代码如下。

```
>>> 8 / 2
4.0
>>> 7 / 3.5
2.0
```

（4）对于整除运算符（//），运算结果一定是向下取整的。如果参与运算的两个操作数都是整数，则运算结果为整数；如果参与运算的两个操作数中有一个为浮点数，则运算结果为浮点数。示例代码如下。

```
>>> 10 // 2
5
>>> 10 // 2.0
5.0
>>> 21.5 // 10
2.0
```

（5）在算术表达式中，单独的下画线（_）可用于表示上一次运算的结果。示例代码如下。

```
>>> 2 * 4
8
>>> _ * 10
80
```

（6）运算符和操作数之间的空格对于 Python 无关紧要，但是惯例是保留一个空格。

2.3.3 赋值运算符

赋值运算是编程语言中非常重要的功能。Python 中的赋值运算符如表 2.9 所示。

表 2.9 Python 中的赋值运算符

运算符	说明
=	简单的赋值运算符，将右侧操作数的值赋给左侧的变量
+=	加法赋值运算符，c += a 等价于 c = c + a

续表

运算符	说明
-=	减法赋值运算符，c -= a 等价于 c = c - a
*=	乘法赋值运算符，c *= a 等价于 c = c * a
/=	除法赋值运算符，c /= a 等价于 c = c / a
//=	整除赋值运算符，c //= a 等价于 c = c // a
%=	取模赋值运算符，c %= a 等价于 c = c % a
**=	幂赋值运算符，c **= a 等价于 c = c**a

关于赋值运算符的使用，需要特别注意以下几点。

（1）赋值运算符用等号（=）表示，包含赋值运算符的语句称为赋值语句，赋值语句的基本形式是“变量 = 表达式”。注意，赋值运算符的左侧必须是变量，赋值运算的顺序是先计算赋值运算符右侧的表达式，再将结果赋值给左侧的变量。示例代码如下。

```
>>> x = 1                  # 把 1 赋值给变量 x，执行后 x 的值为 1
>>> y = (x + 2) / 2        # 先把(x +2)/2 的结果计算出来后，再赋值给变量 y
>>> y
1.5
```

（2）Python 支持序列赋值，可以把赋值运算符右侧的一系列值，依次赋给左侧的变量。在序列赋值中，赋值运算符左侧的变量个数和右侧的值的个数总是相等的，如果不相等，则 Python 报错。示例代码如下。

```
>>> x, y, z = 1, 2, "age"
>>> x
1
>>> y
2
>>> z
age

>>> x, y, z = 1, 2
Traceback (most recent call last):
  File "<pyshell#104>", line 1, in <module>
    x, y, z = 1, 2
ValueError: not enough values to unpack (expected 3, got 2)
```

通过序列赋值的方式可以交换两个变量的数据。示例代码如下。

```
>>> x, y = 1, 3
>>> x, y = y, x
>>> x
3
>>> y
1
```

（3）Python 支持链式赋值，即可以把同一个值一次赋给多个变量。示例代码如下。

```
>>> x = y = z = 5
>>> x
5
>>> y
5
>>> z
5
```

（4）赋值运算符可以与算术运算符组合在一起使用，如+=、-=、*=等。另外，“x = x + y”可以写成“x += y”。示例代码如下。

```
>>> x = 2
>>> y = 3
>>> x += y
>>> x
5
```

2.3.4 关系运算符

关系运算符也被称为比较运算符，通常用于判断，所有关系运算的结果都是一个布尔值。Python 中的关系运算符如表 2.10 所示，表中的示例假设变量 x 的值为 10，变量 y 的值为 20。

表 2.10 Python 中的关系运算符

运算符	说明	示例	结果
==	判断两个操作数的值是否相等； 如果两个操作数的值相等，则结果为真（True），否则结果为假（False）	x == y	False
! =	判断两个操作数的值是否不相等； 如果两个操作数的值不相等，则结果为真（True），否则结果为假（False）	x != y	True

续表

运算符	说明	示例	结果
>	判断左侧操作数的值是否大于右侧操作数的值； 如果大于，则结果为真（True），否则结果为假（False）	x > y	False
>=	判断左侧操作数的值是否大于或等于右侧操作数的值； 如果大于或等于，则结果为真（True），否则结果为假（False）	x >= y	False
<	判断左侧操作数的值是否小于右侧操作数的值； 如果小于，则结果为真（True），否则结果为假（False）	x < y	True
<=	判断左侧操作数的值是否小于或等于右侧操作数的值； 如果小于或等于，则结果为真（True），否则结果为假（False）	x <= y	True

关系运算符的基本比较法则如下。

（1）使用关系运算符最重要的前提是操作数之间必须可以比较大小。例如，把一个字符串和一个数字进行大小比较是毫无意义的，所以 Python 不支持这样的运算。示例代码如下。

```
>>> x, y = 9, 'abc'
>>> x > y
Traceback (most recent call last):
  File "<pyshell#33>", line 1, in <module>
    x >y
TypeError: '>' not supported between instances of 'int' and 'str'
```

（2）对于数据类型和布尔类型，关系运算符按照操作数的数值大小进行比较。示例代码如下。

```
>>> x, y, z = 1, 4, 9
>>> x > y
False
>>> y < z
True
>>> x < y < z
True

>>> flag = True
>>> z < flag
False
```

（3）对于字符串类型，关系运算符基于单个字符的 ASCII 码值大小按位进行比较，也就是从头到尾一位一位进行比较，只要有一位大，那么整体就大，后面就无须比较了，具体步骤如下。

① 从两个字符串的第一个字符（下标为 0）开始比较。

② 比较位于当前位置的两个单字符。

- 如果两个字符相等，则两个字符串的当前下标加 1，返回步骤②。
- 如果两个字符不相等，则返回这两个字符的比较结果，作为两个字符串的比较结果。

③ 如果两个字符串比较到其中一个字符串结束时，对应位置的字符都相等，则另一个较长的字符串更大。

例如，对于字符串“abc”和“abd”，“abd”更大；对于字符串“abc”和“ab”，“abc”更大，如图 2.3 所示。

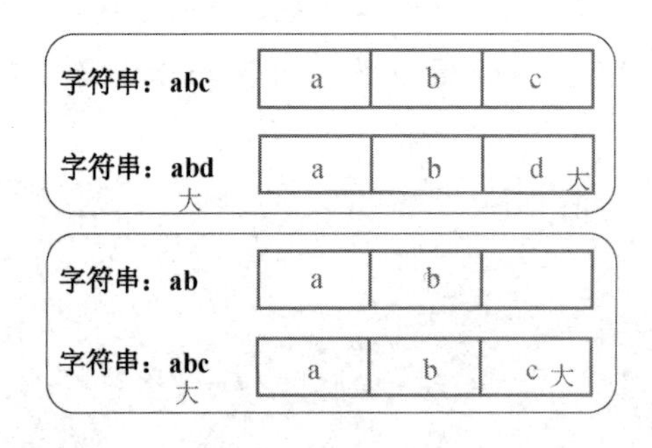

图 2.3　字符串的比较

示例代码如下。

```
>>> "123" >= "23"
False
>>> "123" <= "23"
True
>>> "abcd" == "abcdef"
False
>>> "abcd" != "ABCD"
True
>>> "abc" > "abd"
False
>>> "abc" < "def"
True
```

（4）Python 中的关系运算符可以连用。示例代码如下。

```
>>> 3 > 2 == 1
False
>>> (3 > 2) == 1
True
>>> 3 > (2 == 1)
True
>>>3 > 2 and 2 == 1
False
```

注意，“3 > 2 == 1”是“3 > 2 and 2 == 1”的简写。

（5）注意“=”与“==”运算符的区别。

- “=”是赋值运算符，用于将右侧的值赋给左侧的变量。
- “==”是关系运算符，用于判断两个值是否相同。

2.3.5　逻辑运算符

逻辑运算符就是表示逻辑关系的运算符。表 2.11 列出了 Python 中的逻辑运算符。假设变量 a 的值为 True，变量 b 的值为 False。

表 2.11　Python 中的逻辑运算符

运算符	描述	示例	结果
and	与运算：当两个操作数都为 True 时，结果才为 True，否则结果为 False	a and b	False
or	或运算：只要两个操作数中的任意一个为 True，结果就为 True，否则结果为 False	a or b	True
not	非运算：单目运算符，当右侧的操作数为 True 时，结果为 False，否则结果为 True	not a	False

关于逻辑运算符的使用，需要特别注意以下几点。

（1）and 和 or 运算符两侧的操作数一定是两个布尔值或表达式。示例代码如下。

```
>>> True and True
True
>>> True and False
False
>>> (4 > 5) and (1==2)
False
```

```
>>> True or False
True
>>> False or False
False
>>> (8 > 3) or True
True
```

（2）not 运算符是一个单目运算符，操作数是一个布尔值或表达式。示例代码如下。

```
>>> not True
False
>>> not False
True
```

（3）and 和 or 运算符并不一定返回 True 或 False，而是得到最后一个被计算的表达式的值，但是 not 运算符一定会返回 True 或 False。示例代码如下。

```
# and 运算符，只要有一个操作数为 0，结果就为 0，否则结果为最后一个非 0 的值
>>> a, b, c = 0, 1, 2
>>> a and b and c
0
>>> b and c
2
>>> c and b
1

# or 运算符，只有所有操作数都为 0，结果才为 0，否则结果为第一个非 0 的值
>>> a or b
1
>>> b or c
1
>>> a or c or b
2
```

（4）and 和 or 运算符具有逻辑短路的特点，即当连接多个表达式时，只计算必须要计算的值。

- 表达式从左至右计算，如果 or 的左侧逻辑值为 True，则短路 or 后所有的表达式，直接输出 or 左侧表达式的结果。

- 表达式从左至右计算，如果 and 的左侧逻辑值为 False，则短路 and 后所有的表达式，直接输出 and 左侧表达式的结果。
- 如果 or 的左侧为 False，或者 and 的左侧为 True，则不能使用短路逻辑。

示例代码如下。

```
>>> (3 > 8) and (2 == 3)
False
>>> (3 < 8) and (2 == 3)
False
>>> (1==2) or (3 < 8)
True
>>> (1 == 2) or (3 > 8)
False
```

计算(3 > 8) and (2 == 3)的过程如图 2.4 所示。

计算(3 < 8) and (2 == 3)的过程如图 2.5 所示。

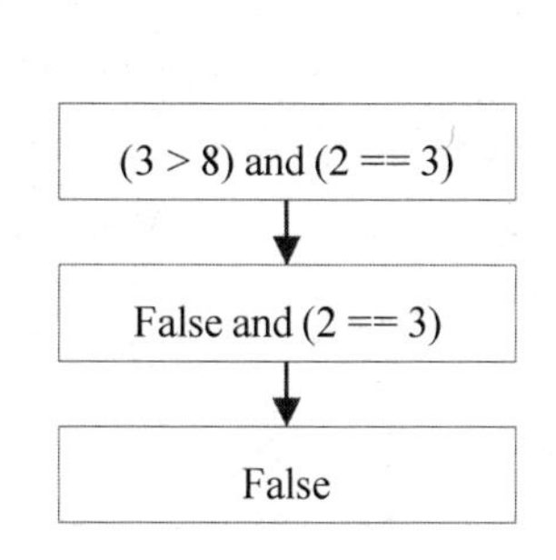

图 2.4　计算(3 > 8) and (2 == 3)的过程

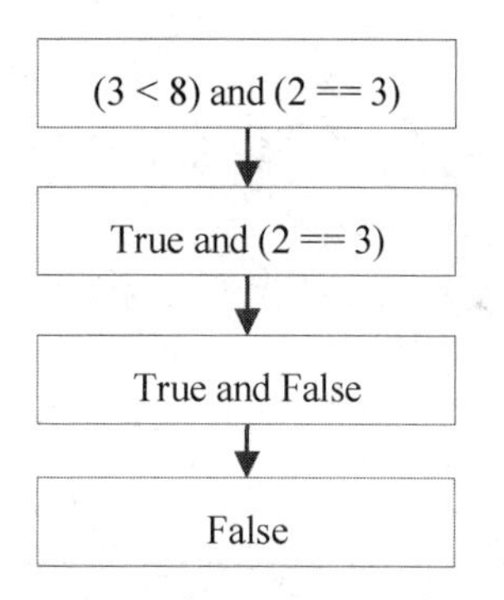

图 2.5　计算(3 < 8) and (2 == 3)的过程

在编写复杂条件表达式时可以充分利用这个特点，合理安排不同条件的前后顺序，这在一定程度上可以提高代码的运行速度。

2.3.6　成员运算符

Python 中的成员运算符如表 2.12 所示。

表 2.12　Python 中的成员运算符

运算符	说明	示例	结果
in	判断一个元素在某个序列中，适用于字符串、列表、元组和字典，如果在，则返回 True，否则返回 False	'a' in 'abc'	True
not in	判断一个元素不在某个序列中，适用于字符串、列表、元组和字典，如果不在，则返回 True，否则返回 False	2 not in [1,2,3,4]	False

对于字符串类型，成员运算符可以用于判断一个字符串中是否包含某个字符串。在交互式环境中输入以下代码。

```
>>> 'hello' in 'hello world'
True
>>> 'Hello' in 'hello world'
False
>>> 'world' not in 'hello world'
False
```

2.3.7　身份运算符

身份运算符用于判断两个对象的内存地址是否相同。Python 中的身份运算符如表 2.13 所示。

表 2.13　Python 中的身份运算符

运算符	说明
is	判断左右两侧的变量是否引用同一个对象，如果是，则返回 True，否则返回 False
is not	判断左右两侧的变量是否引用不同的对象，如果是，则返回 True，否则返回 False

示例代码如下。

```
>>> x = 3.14
>>> y = x
>>> z = 3.14
>>> y is x
True
>>> z is x
False
```

```
>>> z is not x
False
```

通过内置函数 id()可以获取变量的内存地址，对以上结果进行验证。示例代码如下。

```
>>> id(x)
1768499652816
>>> id(y)
1768499652816
>>> id(z)
1768499650960
```

注意，Python 根据当时计算机上空闲的内存字节来选择此地址，因此每次运行此代码时，结果都会有所不同。

此外，需要特别注意 is 与“==”运算符的区别。

- “==”运算符用于判断两个变量的值是否相等。
- is 用于判断两个变量是否指向同一个内存地址。

示例代码如下。

```
>>> x = 256
>>> y = 256
>>> x == y
True
>>> x is y
True

>>> x = 257
>>> y = 257
>>> x == y
True
>>> x is y
False
```

出现上面这种结果的原因是，Python 为了优化速度，会把[-5,256]之间的数据提前存放在小整数对象池中，程序中只要用的是[-5,256]之间的数据，就不会再重新申请一块内存，而是指向对象池中的同一份数据。例如，整数 256，即使在程序里没有创建它，Python 后台也已经创建好了。除这个区间外的数据，每次使用时系统都会重新申请一块内存，用于存储数据。

2.3.8 位运算符

位运算符用于按二进制位进行逻辑运算，操作数必须为整数。Python 中的位运算符如表 2.14 所示。

表 2.14 Python 中的位运算符

<table>
<tr><th>运算符</th><th>说明</th></tr>
<tr><td>&</td><td>按位与运算符，将两个操作数的对应二进制位进行与运算，如果都为 1，则结果为 1，否则结果为 0</td></tr>
<tr><td>|</td><td>按位或运算符，将两个操作数的对应二进制位进行或运算，如果都为 0，则结果为 0，否则结果为 1</td></tr>
<tr><td>^</td><td>按位异或运算符，将两个操作数的对应二进制位进行异或运算，如果相同，则结果为 0，否则结果为 1</td></tr>
<tr><td>~</td><td>按位取反运算符，将操作数的每个二进制位取反</td></tr>
<tr><td><<</td><td>二进制左移运算符，将运算符左侧操作数的全部二进制位左移若干位，运算符右侧的数字为移动的位数，高位舍弃，低位补 0</td></tr>
<tr><td>>></td><td>二进制右移运算符，将运算符左侧操作数的全部二进制位右移若干位，运算符右侧的数字为移动的位数，低位舍弃，高位补 0</td></tr>
</table>

在进行位运算时，无须转换为二进制，只要使用位运算符，Python 就会按照二进制位进行计算。示例代码如下。

```
>>> a = 31          # 31 = 0b00011111
>>> b = 236         # 236 = 0b11101100
>>> a & b
12                  # 12 = 0b00001100
>>> a | b
255                 # 255 = 0b11111111
>>> a ^ b
243                 # 243 = 0b11110011
>>> ~a
-32                 # -32 = 0b11100000
>>> a << 2
124                 # 124 = 0b01111100
>>> a >> 2
7                   # 7 = 0b00000111
```

2.3.9　运算符优先级

一个表达式可能存在多个运算符，运算的先后顺序由运算符的优先级确定。掌握运算符的优先级是非常重要的，它确定了表达式的表达是否符合题意，以及表达式的值是否正确。Python 中运算符的优先级（由高到低）如表 2.15 所示。

表 2.15　Python 中运算符的优先级（由高到低）

优先级	运算符	说明	结合性
1	**	幂	右
2	~、+、-	按位取反、正号、负号	右
3	*、/、%、//	乘法、除法、取模、整数除法	左
4	+、-	加法、减法	左
5	>>、<<	二进制右移、二进制左移	左
6	&	按位与	右
7	^、|	按位异或、按位或	左
8	<、<=、>、>=	比较运算符	左
9	==、!=	等于运算符、不等于运算符	左
10	=、+=、-=、*=、/=、//=、%=、**=	赋值运算符	右
11	is、is not	身份运算符	左
12	in、not in	成员运算符	左
13	not	非运算	右
14	and	与运算	左
15	or	或运算	左

优先级是指当一个表达式中同时出现多个运算符时，先执行哪个运算符。表 2.15 中运算符的优先级按照从高到低的顺序列出，数字 1 对应的优先级最高，数字 15 对应的优先级最低。示例代码如下。

```
>>> 3 == 6 or 5 > 2      # 等价于(3 == 6) or (5 > 2)
True
>>> 0 or 1 and 3 or 5    # 等价于0 or (1 and 3) or 5
3
>>> 1 << 3 + 2 & 7       # 等价于(1 << (3 + 2)) & 7
```

```
0
>>> 3 ** -2                # 等价于 3 ** (-2)
0.1111111111111111
```

结合性是指当一个表达式中出现多个优先级相同的运算符时，先执行哪个运算符。先执行左边的叫作左结合性，先执行右边的叫作右结合性。示例代码如下。

```
>>> 16 / 4 - 2 ** 5 * 8 / 4 % 5 / 2
2.0
```

在编程语言中使用“()”来控制运算的顺序，其优先级最高。示例代码如下。

```
>>> 5 + 30 * 8
245
>>> (5 + 30) * 8
280
>>> ((5 + 30) * 8) / 10
28.0
```

此外，Python 还提供了列表、元组、字典等多种数据类型，允许用户创建自定义数据类型，后面的项目会陆续讲到。

任务 4 熟悉注释与编码规范

本任务要求学生了解注释的作用，能够正确使用单行注释和多行注释，并能够编写规范化代码。

为了掌握注释与编码规范的相关知识，学生需要了解注释的作用并掌握单行注释和多行注释的使用方法；了解程序编写过程中的基本规范。

随着编写的程序越来越复杂，规范化的代码和注释对于程序的质量尤为重要，可以有效提升程序的可读性。为确保所有人编写的代码结构一致，程序员会遵循一些格式设置约定。要成为专业程序员，应从现在开始就遵循这些约定，以养成良好的习惯。

2.4.1 注释

注释就是在程序中对程序的某个功能或代码进行解释说明的文字，如注明作者和版权信息、解释代码原理及用途、通过注释代码辅助程序调试等。

注释只是代码中的辅助性文字，在程序运行时不会被执行，Python 解释器会直接忽略注释。但是，注释能够大大提升程序的可读性，让别人可以看懂程序代码的作用。

Python 中的注释分为两类：单行注释和多行注释。

1．单行注释

单行注释使用井号（#）标识，#到行尾之间的所有文字都是被注释的内容，一般用于对一行或一小部分代码进行解释。示例代码如下。

```
# 这是一个单行注释
print("Hello, Python World!")
```

Python 解释器将忽略第 1 行，只执行第 2 行，运行结果如下。

```
Hello, Python World!
```

需要注意的是，#和注释内容之间一般建议以一个空格隔开。

2．多行注释

多行注释就是注释的内容可以为多行，使用一对 3 个单引号（'''）或一对 3 个双引号（"""）将注释内容引起来，一般用于对 Python 文件、类或方法进行解释。示例代码如下。

```
"""
这是多行注释，用 3 个双引号
这是多行注释，用 3 个双引号
这是多行注释，用 3 个双引号
"""
print("Hello, Python World!")
```

运行结果如下。

```
Hello, Python World!
```

需要注意的是，多行注释的写法与三重引号字符串是一样的，如果赋值给变量，它就是字符串；如果不赋值给变量，它就作为多行注释使用。

注释还有一个巧妙的用途：对于一些代码，我们不想运行，但又不想删除，就可以用注释暂时屏蔽。

```
# 暂时不想运行下面一行代码
# print("Hello, Python World!")
```

2.4.2 编码规范

每一门编程语言都有编码规范，统一的编码规范可以提高程序的开发效率，这既是一种良好的习惯，也是团队开发重要的基础。

1．缩进

Python 使用缩进来区分不同的代码块。缩进是指每一行代码开始前的空白区域，用于表示代码之间的包含和层次关系。代码缩进规范如下。

（1）Python 使用空格或制表符（tab）标记缩进，缩进量不限。在 Python PEP8 编码规范中，使用 4 个空格作为缩进。示例代码如下。

```
flag = True
if flag:
    print("True")
```

运行结果如下。

```
True
```

（2）空格和制表符不应混用，否则会降低代码的可读性，增加代码维护和调试的困难。

空格永远是一样的。但是，不同编辑器对制表符的解释是不同的，有的编辑器的制表符是 4 个字符宽，有的是 8 个字符宽。如果有的地方用制表符，有的地方用空格，则在不同的地方，原本对齐的代码就可能会不对齐。

（3）缩进量是可变的，但同一个代码块要保持相同的缩进量。如果添加了不必要的缩进或忘记缩进，则可能导致代码运行错误。示例代码如下。

```
>>> a = 8
>>>   b = 4             # 添加了不必要的缩进
SyntaxError: unexpected indent

>>> flag = True
>>> if flag:
print("True")           # 忘记缩进
SyntaxError: expected an indented block after 'if' statement on line 1
```

（4）缩进不同，程序执行的效果也有可能产生差异。示例代码如下。

```
flag = False
if flag:
    print("line1")
```

```
    print("line2")
# 无输出

if flag:
    print("line1")
print("line2")
```

运行结果如下。

```
line2
```

从语法上看，这些 Python 代码是合法的，但由于存在逻辑错误，因此结果并不符合预期。

（5）Python 根据缩进来判断代码行与前一个代码行之间的关系，增加缩进表示进入下一个代码层，减少缩进表示返回上一个代码层。示例代码如下。

```
>>> flag = True
>>> if flag:
    print("True")           # 相对上一行，增加了缩进，表示进入下一个代码层
else:                       # 相对上一行，减少了缩进，表示返回上一个代码层
    print("False")
True
```

2. 行

在 Python 语句中，一般以新行作为语句的结束符，通常是一行写完一条语句。

（1）同一行显示多条语句。

如果要在同一行中显示多条语句，则语句之间应使用分号（;）分隔。示例代码如下。

```
>>> print("Hello");print("world")
Hello
world
```

（2）多行语句。

如果一条语句太长需要跨行显示，则可通过在行末加续行符（\）实现。多行显示可以提高代码的可读性，而且不影响代码效果。示例代码如下。

```
>>> item_1 = 1
>>> item_2 = 2
>>> item_3 = 3
>>> total = item_1 + \
       item_2 + \
```

```
        item_3
>>> total
6
```

3. 空行

空行可以用来组织程序文件，作用在于分隔两段不同功能或含义的代码，便于日后代码的维护或重构。例如，函数之间或类的方法之间用空行分隔，表示一段新的代码的开始。

空行并不是 Python 语法的一部分，插入空行不会影响代码的运行，但会影响代码的可读性。示例代码如下。

```
# 类与类之间用空行隔开
Class A:…
    # 类中函数与函数之间用一个空行隔开
    def fuc_1(self):…
        # 函数中使用空行分隔不同的代码块
        # 代码块 1
        …
        …

        # 代码块 2
        …
        …
    def fuc_2(self):…

Class B:…
    …
```

编码规范还有很多，但针对的程序大多比目前本书提到的程序复杂。

项目考核

一、单选题

1. 下面不是 Python 合法的标识符的是（　　）。

   A. int32　　B. 40XL　　C. self　　D. _name

2．下面不是有效的变量名的是（　　）。

A．_demo　　B．banana

C．Numbr　　D．my-score

3．下面关于 Python 程序的基础语法元素描述错误的是（　　）。

A．Python 只能用 4 个空格的缩进来实现程序的强制可读性

B．变量是由用户定义的用来保存和表示数据的一种语法元素

C．变量的命名规则之一是名字的首位不能是数字

D．变量标识符是一个字符串，长度是没有限制的

4．下面不是 Python 的整数类型的是（　　）。

A．88　　B．0x9a

C．0B1010　　D．0E99

5．在一般情况下，整数用十进制形式表示，如果用其他进制形式表示一个数，则错误的描述是（　　）。

A．0b1010 表示一个二进制数

B．0x1010 表示一个十六进制数

C．0o1010 表示一个八进制数

D．1010b 表示一个二进制数

6．在 Python 中，可以表示逻辑真和逻辑假的数据类型是（　　）。

A．整数类型　　B．布尔类型

C．浮点数类型　　D．复数类型

7．关于 Python 中的复数，下面说法错误的是（　　）。

A．表示复数的语法是 real+imagej

B．实部和虚部都是浮点数

C．虚部必须有后缀 j，且必须是小写

D．complex(x)函数用于返回以 x 为实部，虚部为 0 的复数

8．字符串是一个字符序列。例如，字符串 s 从右向左第 3 个字符用（　　）索引。

A．s[3]　　B．s[-3]

C．s[0:-3]　　D．s[:-3]

9．如果字符串 s = 'a\nb\tc'，则 len(s)的值是（　　）。

A．7　　B．6

C．5　　D．4

10．下面代码的执行结果是（　　）。

```
name="Python 语言程序设计课程"
print(name[0], name[2:-2], name[-1])
```

A．P thon 语言程序设计 程

B．P thon 语言程序设计 课

C．P thon 语言程序设计课 程

D．P thon 语言程序设计课 课

11．下面关于 x 的 y 次方（x^y）的表达式中，正确的是（　　）。

A．x^y　　B．x**y

C．x^^y　　D．Python 没有提到

12．表达式 9//2 的值是（　　）。

A．1　　B．2

C．3　　D．4

13．已知 x = 3，执行语句 x += 6 之后，x 的值是（　　）。

A．9　　B．12

C．6　　D．3

14．为了给整型变量 a、b、c 赋初值 10，下面正确的 Python 语句是（　　）。

A．xyz=10　　B．x=10 y=10 z=10

C．x=y=z=10　　D．x=10,y=10,z=10

15．下面表达式中值不是 1 的是（　　）。

A．4//3　　B．15%2

C．1^0　　D．~1

16．表达式 16/4-2**5*8/4%5//2 的值是（　　）。

A．14　　B．4　　C．2.0　　D．2

17．与关系表达式 x == 0 等价的表达式是（　　）。

A．x = 0　　　　B．not x

C．x　　　　D．x != 1

18．在 Python 表达式中，可以控制运算顺序的是（　　）。

A．圆括号　　　　B．方括号

C．花括号　　　　D．尖括号

19．表达式 1234%1000//100 的值是（　　）。

A．1　　　　B．2

C．3　　　　D．4

20．在 Python 中，下面属于非法的语句是（　　）。

A．x=y=z=1　　　　B．x=(y=z+1)

C．x,y=y,x　　　　D．x+=y

21．已知 x=2，执行语句 x*=x+1 后，x 的值是（　　）。

A．2　　　　B．3

C．4　　　　D．6

22．下面语句的运行结果是（　　）。

```
Python = " Python"
print("study" + Python)
```

A．studyPython　　　　B．"study"Python

C．study Python　　　　D．语法错误

23．下面关于注释的描述正确的是（　　）。

A．注释不是代码，不会被程序执行

B．单行注释一般用于对一行或一小部分代码进行解释

C．多行注释一般用于对 Python 文件、类或方法进行解释

D．多行注释中不能使用单行注释

24．下面关于 Python 的注释语句的描述正确的是（　　）。

A．#注释符可以注释多行

B．以#开头的语句是注释

C．#之后的语句被解释器解释，但不执行

D．以'''开头的语句也表示注释，用法跟#一样

25．Python 使用缩进作为语法边界，一般建议缩进（　　）。

A．Tab　　B．2 个空格

C．4 个空格　　D．8 个空格

26．Python 采用严格的缩进来表明程序的格式框架。下面关于缩进的说法不正确的是（　　）。

A．缩进是指每一行代码开始前的空白区域，用来表示代码之间的包含和层次关系

B．在代码编写中，缩进可以用 Tab 键实现，也可以用多个空格实现，但两者不能混用

C．缩进有利于程序代码的可读性，并不影响程序结构

D．不需要缩进的代码顶行编写，不留空白

二、填空题

1．使用__________函数可以查看数据的类型。

2．布尔类型的两个值是__________和__________。

3．布尔类型的数据不仅可以通过定义得到，还可以通过__________计算得到布尔类型的结果。

4．None 的数据类型是__________。

5．字符串 str = 'Hello,Python world!'（无空格），str[:2]的结果是__________。

6．字符串 str = 'Hello,Python world!'（无空格），str[3:]的结果是__________。

7．字符串 str = 'Hello,Python world!'（无空格），str[7]的结果是__________。

8．表达式'hello' + 'world'的结果是__________。

9．表达式'hello' * 3 的结果是__________。

10．使用__________函数可以获取数据在内存中的地址。

11．表达式(5 > 4) and (3 == 5)的结果是__________。

12．表达式(5 > 4) or (3 == 5)的结果是__________。

13．表达式(True and True) and (True == False)的结果是__________。

14．表达式 10 + 5 // 3 − True + False 的结果是__________。

15．下面语句运行后。变量 num 的值是__________。

```
num = 8
num + 1
```

16．表达式(not False) or (not True)的结果是__________。

17．表达式 2 ** 2 ** 3 的结果是__________。

三、编程题

1．定义两个变量：学生姓名为张三，学生年龄为 18 岁。

2．已知变量 x = 10，y = 20，交换两个变量的值并输出。

3．利用 Python 计算底面半径为 36，高为 26.2 的圆柱体的体积和表面积。

4．BMI 指数的计算方法为体重（kg）除以身高（m）的平方。已知某人的身高为 1.75m，体重为 80.5kg。定义两个变量保存身高和体重，计算 BMI 指数并输出。

5．已知某课程的实训时间为 5555 秒，计算该实训时间是多少时，多少分。

6．定义字符串变量 languages = "Python、Java and C"，输出该变量的最后两个字符。

项目 3

流程控制

项目介绍

结构化程序不仅可以使计算机程序设计更加系统、有条理，还可以使软件的执行效率得到显著的提升、软件的调试和维护的代价得以降低。程序的 3 种基本结构是顺序结构、选择结构和循环结构。

任务安排

任务 1　进行结构化程序设计。

任务 2　选择结构程序设计方法。

任务 3　进行循环结构程序设计。

学习目标

✧ 掌握结构化程序设计和简单流程图绘制的方法。

✧ 掌握 Python 顺序结构程序设计方法。

✧ 掌握 Python 选择结构程序设计方法。

✧ 掌握 Python 循环结构程序设计方法。

任务 1　进行结构化程序设计

本任务要求学生了解计算机中的结构化程序设计，学会流程图的绘制；掌握 Python 中顺序结构程序的设计方法，会使用输入函数和输出函数。

3.1.1　结构化程序设计

20 世纪 60 年代，被称为结构程序设计之父的荷兰著名计算机科学家艾兹格·W·迪科斯彻（E.W.Dijikstra）提出了 3 种基本控制结构，不仅使计算机程序设计更加系统、有条理，也使程序的执行效率得到显著的提升、调试和维护的代价得以降低。这 3 种基本结构就是顺序结构、选择结构和循环结构。

为了能更加清晰、直观地表示程序设计的思路，可以利用图形的方式将程序算法的编程思路表示出来，这种图形被称为流程图（Flowchart）。在国家标准规范《GB/T 1526—1989 信息处理——数据流程图、程序流程图、系统流程图、程序网络图和系统资源图的文件编制符号及约定》中，给出了各种表示操作、数据、流向的符号。

- 端点符号：表示程序流程的起始或结束。结构化程序应仅有一个起点、一个终点，如图 3.1 所示。
- 数据符号（平行四边形）：表示数据，如图 3.2 所示。
- 处理符号（长方形）：表示各种处理功能，如图 3.3 所示。

图 3.1　端点符号

图 3.2　数据符号

图 3.3　处理符号

- 判断符号（菱形）：表示进行判断，有一个入口，可以有若干个可供选择的出口，但针对具体的条件仅有一个流经的出口，如图 3.4 所示。
- 基本流线符号（直线）：表示数据流或控制流，可以利用箭头表示流向，如图 3.5 所示。

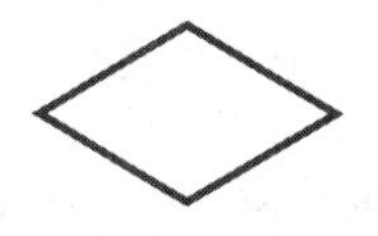

图 3.4　判断符号

图 3.5　基本流线符号

在编写程序前，可以先利用流程图的形式，将程序算法的编程思路表示出来，使程序算法被更加清晰、直观地展现出来，帮助用户进一步优化和调试程序。

1．顺序结构

顺序结构是最简单的一种程序结构，是指程序语句按照自上而下的顺序依次执行，其流程图如图 3.6 所示。在先执行完语句 a 后，再执行语句 b。

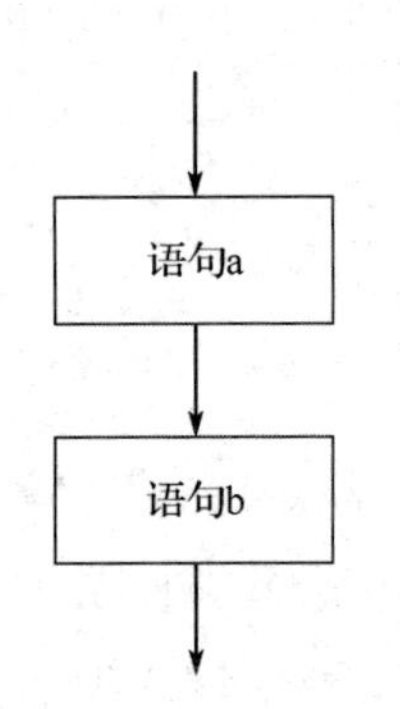

图 3.6　顺序结构流程图

2．选择结构

选择结构也被称为判断结构、条件结构或分支结构，是指先判断是否满足给定的条件，再执行对应的操作语句，其流程图如图 3.7 所示。

先判断条件是否成立，如果条件成立，则执行语句 a；如果条件不成立，则执行语句 b。语句 a 和语句 b，对每次执行来说，都只能选择其中一条流程路径。

3．循环结构

循环结构可以在满足指定条件的情况下重复执行某些语句，提高程序语句的使用效率。循环结构有多种形式，可以先判断条件是否成立，当条件成立时再执行循环；也可以先执行语句，再进行条件判断，当条件成立时跳出循环，如图 3.8 所示。

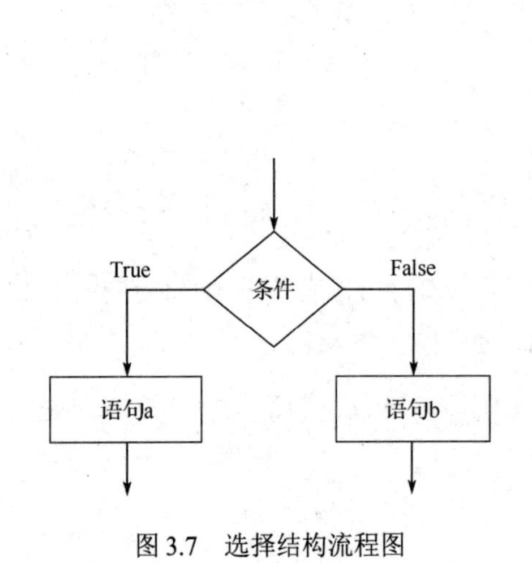

图 3.7　选择结构流程图

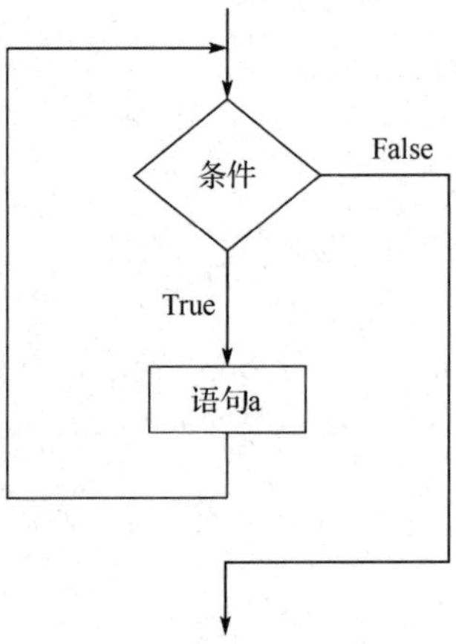

图 3.8　循环结构流程图

当条件成立时，可以不断重复执行语句 a；当条件不成立时，跳出循环，往下执行。

一般程序都是由这 3 种基本结构组成的。就算是大型的复杂程序，也可以像乐高积木一样，利用顺序、选择和循环这 3 种结构，高效、合理地搭建出来，并且可以方便地进行调试和维护。

3.1.2 输入函数

人们编写程序的目的是处理信息。人们要先向计算机输入需要其处理的数据，再由计算机执行算法按照用户的要求处理数据，当数据处理完成后，再输出，并将结果反馈给用户。对于一个结构化程序来说，不管程序内部多么复杂，都包括输入、处理、输出这 3 部分功能模块。

输入模块负责接收程序要处理的数据，有时可以直接在程序中对初始值进行赋值。但是更多的时候，需要用户从输入设备向计算机输入要处理的数据。在 Python 中，负责接收用户输入的是 input()函数，其语法格式如下。

```
input(prompt=None,/)
```

input()函数可以从键盘上以字符串的形式接收输入，参数 prompt 指的是指示字符串，可以省略，当未省略时，该参数值将出现在屏幕上。一般建议给出提示字符串，以为用户带来更好的体验感。示例代码如下。

```
>>> score = input('请输入分值：')
请输入分值：80
>>> score
'80'
```

当该语句执行时，先在屏幕上显示出提示文字“请输入分值:”，在接收了用户输入的 80 后，变量 score 被赋值为“80”，注意，此时“80”是一个字符串。

input()函数每次都只能从键盘上接收一个值。当然，如果需要同时接收多个值，则可以利用 split()函数。下面这条语句就可以同时在一行中接收两个输入的值。

```
>>> a,b = input('请输入长和宽的值：').split()
请输入长和宽的值：5 3
>>> a
'5'
>>> b
'3'
```

注意，此时在输入时，“5”和“3”之间是用空格分隔的，而且 a 和 b 两个变量接收的仍然是字符串类型的值。

3.1.3　类型转换函数

因为 Python 的输入函数 input()接收的是字符串值，所以在输入数值进行处理时需要进行数据类型的转换。Python 提供了内置函数，可以将字符串类型的数据转换为整型、浮点型或复数型等类型的数据。

示例代码如下。

```
int()    #可以将输入的数字格式的字符串转换为整数
float()  #可以将字符串转换为浮点数
```

3.1.4　输出函数

输出模块负责将处理完成的结果反馈给用户。在一般情况下，处理完成的结果利用输出函数可以直接显示在屏幕上。在 Python 中，负责将处理结果显示在屏幕上的是 print()函数，其常用的语法格式如下。

```
print(value, ..., sep=' ', end='\n')
```

利用 print()函数，可以输出多个变量或常量的值，多个值之间是用逗号分隔的。参数 sep 是指在输出的值之间插入的分隔字符，在默认情况下是一个空格；参数 end 是指在最后的值之后追加的结束字符，在默认情况下是换行符。示例代码如下。

```
>>> print('Hello, world!')              #输出字符串
Hello, world!
>>> print(2)                            #输出数值
2
>>> a = 5
>>> print(a)                            #输出变量值
5
>>> print('a 的值是',': ',a)            #输出多个值
a 的值是 :  5
>>> print(1,3,5,sep=';')                #以分号为分隔符输出 3 个数字
1;3;5
#以分号为结束符输出 3 条语句
>>> print(1,end=';');print(3,end=';');print(5,end=';')
1;3;5;
```

3.1.5　任务实现

1．绘制流程图

针对任务描述的要求，绘制出流程图，如图 3.9 所示。

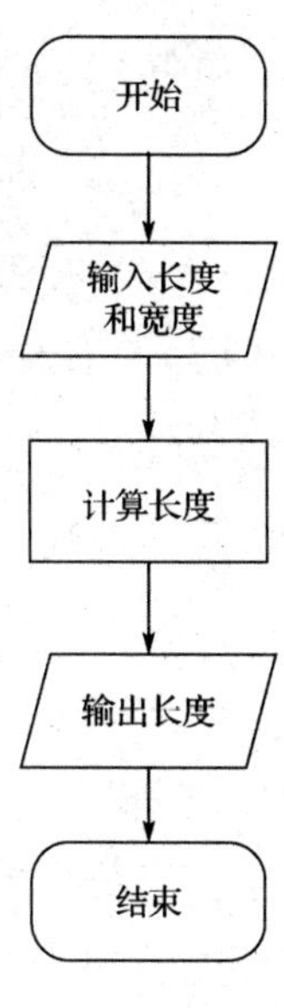

图 3.9　流程图

2．设计程序

根据所绘制的流程图，可以看到这是一个非常典型的顺序结构程序，只需要自上而下依次执行，就可以得到结果。在程序中，一般都包含了输入、处理和输出模块。新建程序并输入设计好的代码，如图 3.10 所示。

3．调试运行

程序运行后，输入窗户的长度和宽度，就可以得到所需要购买的彩带长度了。程序运行结果如图 3.11 所示。

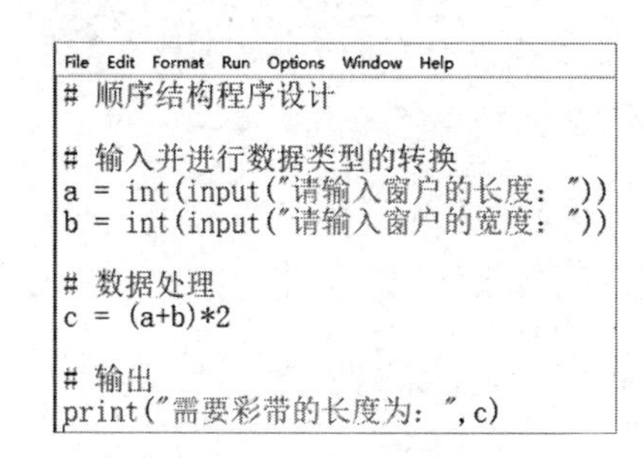

```
File  Edit  Format  Run  Options  Window  Help
# 顺序结构程序设计

# 输入并进行数据类型的转换
a = int(input("请输入窗户的长度："))
b = int(input("请输入窗户的宽度："))

# 数据处理
c = (a+b)*2

# 输出
print("需要彩带的长度为：",c)
```

图 3.10　输入代码

```
请输入窗户的长度：5
请输入窗户的宽度：2
需要彩带的长度为：14
```

图 3.11　程序运行结果

任务拓展

如果输入的是小数，则应该如何设计这个程序？

任务 2 进行选择结构程序设计

场景一：李同学是学校某社团的负责人，他今天要去社团办公室为社团成员出具社团经历证书。出门前他先看了一下天气预报，如果天气预报说会下雨，他就带上雨伞。

场景二：在学校门口，值班的门卫询问他是否携带了学生证。如果携带了学生证，则可以从左门直接出示学生证后进入校园；如果没有携带学生证，则需要从右门扫码查验后进入校园。

场景三：到了社团办公室，李同学拿出了所有社团成员的参加活动的记录。参加活动超过 12 次（含 12 次）的同学，将获得“优秀”的社团经历证书；如果参加活动次数未到 12 次但超过了 10 次（含 10 次），将获得“良好”的社团经历证书；如果参加活动次数未到 10 次但超过了 6 次（含 6 次），则获得“合格”的社团经历证书；如果参加活动次数连 6 次都没有达到，就不能获得社团经历证书。

请利用选择结构来描述以上 3 个场景。

3.2.1 选择结构

我们每天都面临着许多选择——天气有没有下雨？如果下雨了，就要带上雨伞。我们也经常会碰到要满足某些条件才能完成的事情——考试成绩超过 60 分，才能算通过考试，等等。在结构化程序中，当满足指定条件时才能执行对应操作的结构称为选择结构、分支结构或条件结构。

有时，在满足指定条件后，才能执行指定操作，如果没有满足条件，则什么都不做，这种结构被称为单分支选择结构，因为只有一边分支有语句要执行，其流程图如图 3.12 所示。

有时，在满足指定条件后，执行某个操作；而在未满足条件时，执行另一个操作，这种结构被称为双分支选择结构，即两边分支都有可能被执行到，其流程图如图 3.13 所示。

有时，在某条分支中，要判断是否满足某个条件，这种结构被称为多分支选择结构或嵌套分支结构，其流程图如图 3.14 所示。

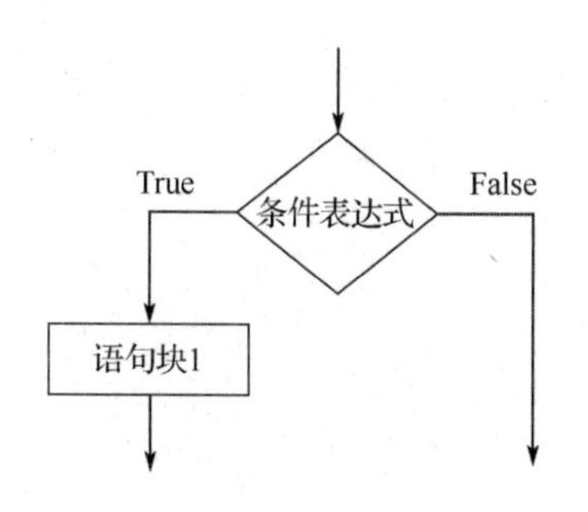

图 3.12　单分支选择结构流程图

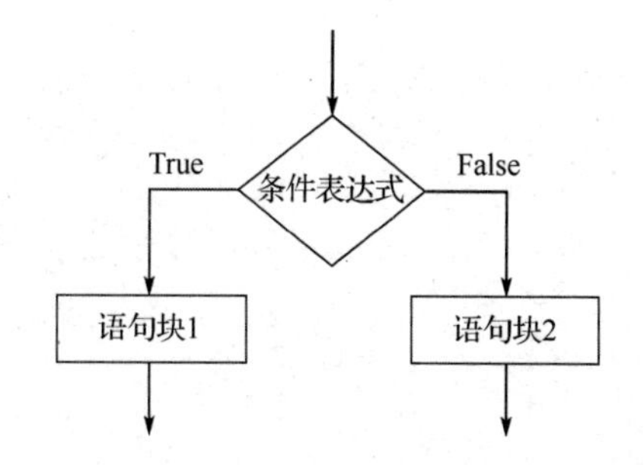

图 3.13　双分支选择结构流程图

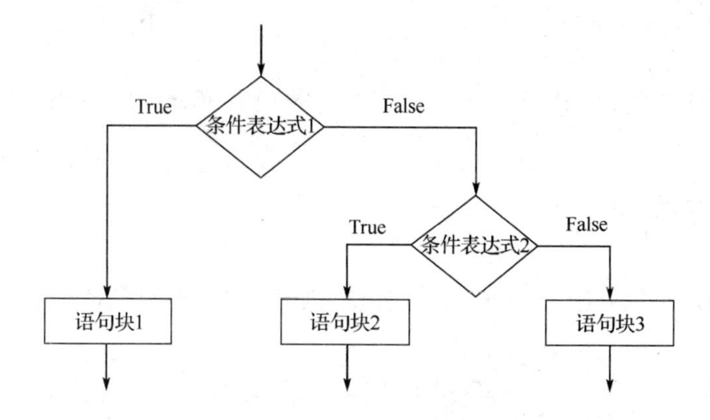

图 3.14　多分支选择结构流程图

3.2.2　单分支语句

在 Python 中，可以利用 if 语句来实现如图 3.12 所示的单分支选择结构，其语法格式如下。

```
if <条件表达式>:
    语句块 1
```

当条件表达式的值为 True 时，执行语句块 1 中的语句；当条件表达式的值为 False 时，直接执行语句块 1 后面没有缩进的语句。

注意事项如下。

- 条件表达式后面有冒号“:”。
- 语句块 1 前面有缩进。
- 当取消缩进时，表示已经退出条件语句体。

单分支语句示例程序如图 3.15 所示。

当“1>2”条件未成立时，不执行语句块中的“print('条件成立')”语句，直接退出单分支选择结构，执行后续语句“print('继续执行')”；当“1<2”条件成立时，执行语句块

中的“print('条件成立')”语句，接着执行后续语句“print('完成')”。程序运行结果如图 3.16 所示。

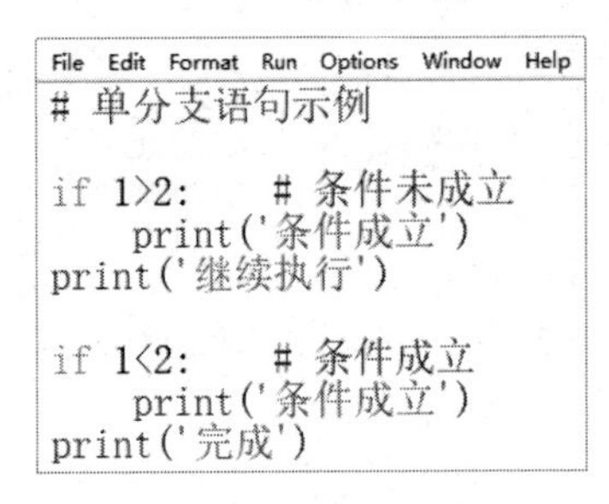

图 3.15　单分支语句示例程序

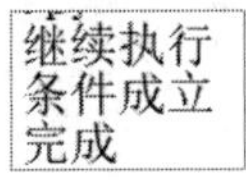

图 3.16　单分支语句示例程序运行结果

3.2.3　双分支语句

在 Python 中，可以利用 if...else 语句来实现如图 3.13 所示的双分支选择结构，其语法格式如下。

```
if <条件表达式>:
    语句块 1
else:
    语句块 2
```

当条件表达式的值为 True 时，执行语句块 1 中的语句；当条件表达式的值为 False 时，执行语句块 2 中的语句。

注意事项如下。

- if 和 else 此时应成对出现。
- else 后面也有冒号。
- 语句块 1、语句块 2 前面都有缩进，语句块内的缩进应该一致。
- 当取消缩进时，表示已经退出条件语句体。

双分支语句示例程序如图 3.17 所示。

当“1>2”条件未成立时，执行 else 语句块中的“print('条件不成立')”语句，并退出双分支选择结构，执行后续语句“print('完成')”；当“1<2”条件成立时，执行语句块中的“print('条件成立')”语句，接着退出双分支选择结构，执行后续语句“print('完成')”。程序运行结果如图 3.18 所示。

```
File  Edit  Format  Run  Options  Window  Help
# 双分支语句示例

if 1>2:
    print('条件成立')
else:
    print('条件不成立')
print('完成')

if 1<2:
    print('条件成立')
else:
    print('条件不成立')
print('完成')
```

图 3.17　双分支语句示例程序

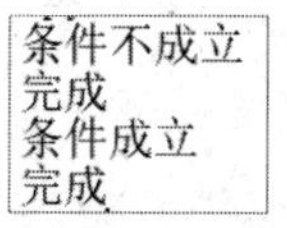

图 3.18　双分支语句示例程序运行结果

3.2.4　多分支语句

有时仅利用双分支选择结构并不能解决所有的条件分支问题。此时，就需要利用多分支选择结构（嵌套分支结构）。

例如，老师在给出学生成绩时，不同的成绩会对应“优秀”、“良好”、“中等”、“及格”与“不及格”5 个不同的等级，这就需要用到多分支选择结构，其流程图如图 3.19 所示。

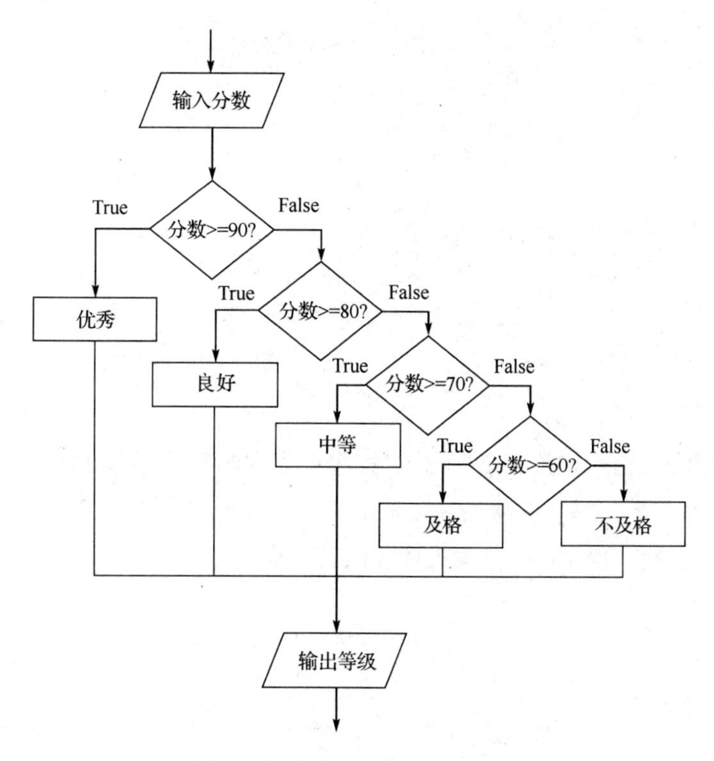

图 3.19　多分支选择结构流程图

此时如果在 if 的语句体中再嵌套多个 if 语句，虽然可以达到任务要求，但是非常复杂，程序难以阅读。Python 提供了多分支选择结构，可以比较方便、高效地解决这种问题，其语法格式如下。

```
if <条件表达式 1>:
    语句块 1
elif <条件表达式 2>:
    语句块 2
…
elif <条件表达式 n>:
    语句块 n
else:
    语句块 n+1
```

程序将依次判断条件表达式，当某个条件表达式的值为 True 时，执行其分支中的语句块；当某条分支中的语句被执行后，退出整个选择结构；当所有的条件表达式的值都为 False 时，执行 else 中的语句块。

多分支语句示例程序如图 3.20 所示。

```
# 多分支示例
score = int(input('请输入分数：'))
if score >= 90:
    print('优秀')
elif score >= 80:
    print('良好')
elif score >= 70:
    print('中等')
elif score >= 60:
    print('及格')
else:
    print('不及格')
```

图 3.20　多分支语句示例程序

当程序执行时，输入分数“83”，此时程序将依次判断是否满足条件，当不满足条件“score >= 90”，但满足下一个条件“score >= 80”时，执行该分支中的语句“print('良好')”，并退出整个选择结构。程序运行结果如图 3.21 所示。

```
请输入分数：83
良好
```

图 3.21　多分支语句示例程序运行结果

3.2.5　任务实现

1．绘制流程图

针对任务描述的要求，绘制出场景一的流程图，如图 3.22 所示。

针对任务描述的要求，绘制出场景二的流程图，如图 3.23 所示。

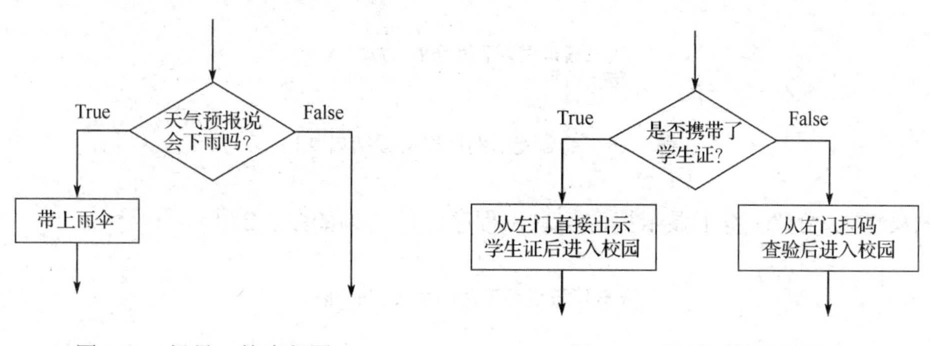

图 3.22　场景一的流程图　　图 3.23　场景二的流程图

针对任务描述的要求，绘制出场景三的流程图，如图 3.24 所示。

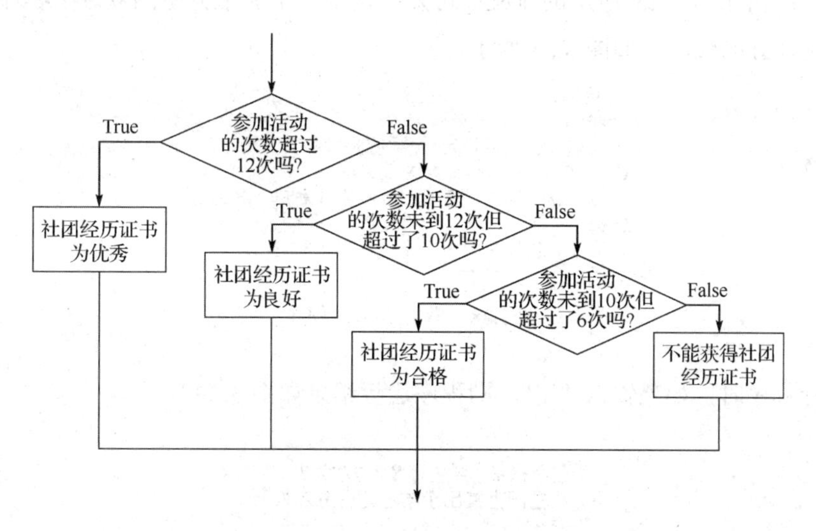

图 3.24　场景三的流程图

2．设计程序并调试运行

场景一：由如图 3.22 所示的流程图可知，这是一个非常典型的单分支程序。新建程序并输入设计好的代码，如图 3.25 所示。

```
# 场景一：单分支示例程序
n = input('天气预报说会下雨吗？（Y/N）')
if n == 'Y':  # 注意大写字母
    print('带上雨伞')
```

图 3.25　单分支示例程序

在执行程序时，如果输入“Y”，则程序运行结果如图 3.26 所示。

```
天气预报说会下雨吗？（Y/N）Y
带上雨伞
```

图 3.26　单分支示例程序运行结果（1）

如果输入“N”，将不显示提醒信息，程序运行结果如图 3.27 所示。

```
天气预报说会下雨吗？（Y/N）N
```

图 3.27　单分支示例程序运行结果（2）

场景二：由如图 3.23 所示的流程图可知，这是一个非常典型的双分支程序。新建程序并输入设计好的代码，如图 3.28 所示。

```
# 场景二：双分支示例程序
n = input('是否携带了学生证？（Y/N）')
if n == 'Y':  # 注意大写字母
    print('从左门直接出示学生证后进入校园')
else:
    print('从右门扫码查验后进入校园')
```

图 3.28　双分支示例程序

在执行程序时，如果输入“Y”，则程序运行结果如图 3.29 所示。

```
是否携带了学生证？（Y/N）Y
从左门直接出示学生证后进入校园
```

图 3.29　双分支示例程序运行结果（1）

如果输入“N”，则程序运行结果如图 3.30 所示。

```
是否携带了学生证？（Y/N）N
从右门扫码查验后进入校园
```

图 3.30　双分支示例程序运行结果（2）

场景三：由如图 3.24 所示的流程图可知，这是一个非常典型的多分支程序。新建程序并输入设计好的代码，如图 3.31 所示。

```
# 场景三：多分支示例程序
n = int(input('请输入参加活动的次数：'))
# 注意input接收的是一个字符串
if n >= 12:
    print('社团经历证书为优秀')
elif n >= 10:
    print('社团经历证书为良好')
elif n >= 6:
    print('社团经历证书为合格')
else:
    print('不能获得社团经历证书')
```

图 3.31　多分支示例程序

在执行程序时，分别输入“15”、“11”、“6”和“5”，程序运行结果如图 3.32 所示。

```
请输入参加活动的次数：15
社团经历证书为优秀
```

```
请输入参加活动的次数：11
社团经历证书为良好
```

```
请输入参加活动的次数：6
社团经历证书为合格
```

```
请输入参加活动的次数：5
不能获得社团经历证书
```

图 3.32　多分支示例程序运行结果

任务拓展

李同学还想为社团的管理程序设置登录密码，如果输入正确的密码“gikest”，则显示欢迎信息，否则拒绝登录，请利用双分支语句实现这个功能。

任务 3　进行循环结构程序设计

3.3.1　循环结构

有时，我们会碰到需要重复做的事情。例如，喜欢听的歌曲经常会被反复地播放。此时，我们只需要重复播放这一首歌曲，而不需要将这首歌在歌单里复制 N 遍。同样，在编写程序时，也会碰到需要重复多次执行的语句。为了提高程序的利用率，我们可以重复地执行同一段代码，而不需要将这段代码复制多遍。在结构化程序中，当在特定条件下会重复执行某些语句时，该结构被称为循环结构。

常见的循环结构有当型循环和直到型循环。当型循环先判断条件是否成立，当条件成立时执行循环；直到型循环先执行语句，再进行条件判断，当条件不成立时，一直执行循环，直到条件成立时跳出循环。当型循环与直到型循环的流程图如图 3.33、图 3.34 所示。

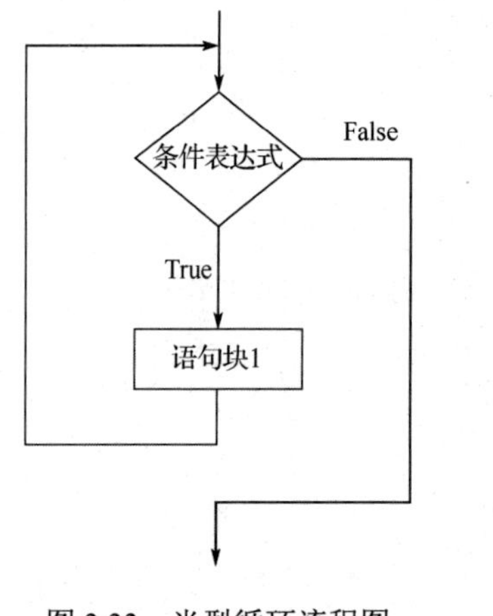

图 3.33　当型循环流程图

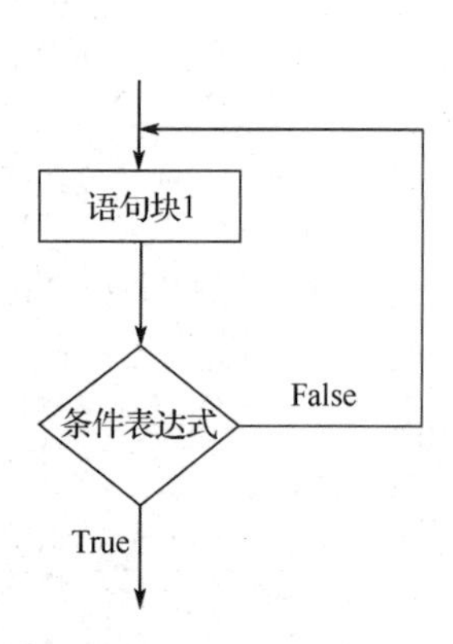

图 3.34　直到型循环流程图

在 Python 中，常用的有 while 循环和 for…in 循环，它们都属于当型循环。

3.3.2　while 循环

在 Python 中，用户可以利用 while 循环来实现循环结构，其语法格式如下。

```
while <条件表达式>:
    语句块 1
```

当条件表达式的值为 True 时，执行语句块 1 中的语句；语句块 1 执行完后，返回循环头部，继续判断此时条件表达式的值是否为 True，如果条件成立，则再次执行语句块 1，只有当条件表达式的值为 False 时，才会跳出循环体，直接执行语句块 1 后面没有缩进的语句。

注意事项如下。

- 条件表达式后面有冒号 “:”。
- 语句块 1 前面有缩进。
- 当取消缩进时，表示已经退出循环体。

一般在 while 的循环体中，应该有对循环变量的控制语句，即循环的条件不应该是永远成立的，否则将进入死循环。

例如，如图 3.35 所示的程序，利用 while 循环求 1+2+……+10 的整数和。需要注意的是，在循环体中，要有能改变循环条件表达式的值的语句。

```
# while循环示例程序
nsum = 0
i = 1
while i <= 10:
    nsum += i
    i += 1  # 改变条件表达式的i的值
print('1+2+……+10的整数和为：',nsum)
```

图 3.35　while 循环示例程序

当 i<=10 时，执行循环体中的语句，否则退出循环。当每次循环执行时，变量的值都在变化，如表 3.1 所示。可以看出，变量 nsum 即为 1+2+……+10 的整数和，而变量 i 每次循环后都加 1，当 i=11 时，循环条件不成立，退出循环。

表 3.1　while 循环示例中的条件和变量值

序次	条件	nsum	i
初值	/	0	1
第 1 次循环	1<=10（成立）	1	2
第 2 次循环	2<=10（成立）	3	3
第 3 次循环	3<=10（成立）	6	4
第 4 次循环	4<=10（成立）	10	5
第 5 次循环	5<=10（成立）	15	6
第 6 次循环	6<=10（成立）	21	7
第 7 次循环	7<=10（成立）	28	8
第 8 次循环	8<=10（成立）	36	9
第 9 次循环	9<=10（成立）	45	10
第 10 次循环	10<=10（成立）	55	11
第 11 次循环	11<=10（不成立），退出循环		

while 循环示例程序运行结果如图 3.36 所示。

```
1+2+……+10的整数和为： 55
```

图 3.36 while 循环示例程序运行结果

3.3.3 for…in 循环

while 循环在有明确的循环边界时使用比较方便，但是如果没有在循环体中设置可以改变循环条件的语句，则会进入死循环。在 Python 中，用户还可以利用 for…in 循环来实现循环结构，其语法格式如下。

```
for <元素> in <序列>:
    语句块 1
```

for…in 循环可以自动遍历序列中的每一个元素，对每一个元素都执行一次语句块 1。当遍历了序列中的每一个元素后，会自动结束循环，转而继续执行循环体后面的语句。

注意事项如下。

- for 和 in 此时应成对出现。
- for…in 语句后面有冒号“:”。
- 语句块 1 前面有缩进。
- 当取消缩进时，表示已经退出循环体。

图 3.37 所示为 for…in 循环示例程序。

```
# for...in循环示例程序
for i in 'computer':  #遍历字符串中的字母
    print(i)
```

图 3.37 for…in 循环示例程序（1）

```
c
o
m
p
u
t
e
r
```

图 3.38 for…in 循环示例程序运行结果（1）

此时，for…in 循环将自动遍历字符串“computer”中的每一个字符，对每一个字符都执行一次语句块“print(i)”。遍历了每一个字符后会自动结束循环。for…in 循环示例程序运行结果如图 3.38 所示。

如图 3.39 所示，for…in 循环将自动遍历列表“['hello','Python','world']”中的每一个元素，对每一个元素都执行一次语句块“print(i)”。遍历了列表中的所有元素后会自动结束循环。

```
# for...in循环示例程序
for i in ['hello','Python','world']:  #遍历列表中的元素
    print(i)
```

图 3.39　for…in 循环示例程序（2）

for…in 循环示例程序运行结果如图 3.40 所示。

```
hello
Python
world
```

图 3.40　for…in 循环示例程序运行结果（2）

3.3.4　for…in 循环与 range()函数

for…in 循环可以与 range()函数相结合，使循环的功能更加强大。range()函数的语法格式如下。

```
range(start, stop[, step])
```

其中，start 表示起始值，stop 表示结束值，step 表示步长。

range()函数用于生成一个从起始值开始，到结束值（但不包含结束值）结束，间隔为步长值的整数序列。步长可省略，默认的步长为 1。range()函数也可以只指明结束值，如 range(stop)，此时默认的起始值为 0，步长为 1。

表 3.2 所示为 range()函数使用示例。

表 3.2　range()函数使用示例

示例	start	stop	step	具体序列值
range(2,8)	2	8	1（省略）	[2,3,4,5,6,7]
range(1,9,2)	1	9	2	[1,3,5,7]
range(5)	0（省略）	5	1（省略）	[0,1,2,3,4]

当 for…in 循环与 range()函数结合使用时，程序将遍历 range()函数指定的序列中的每一个数值，并重复执行循环体中的语句。例如，可以将利用 while 循环求 1+2+……+10 的整数和的示例，改写成利用 for…in 循环和 range()函数相结合来实现。

```
# for...in 循环与range()函数示例程序
nsum = 0
for i in range(1,11):
    nsum += i
print('1+2+……+10的整数和为：',nsum)
```

图 3.41　for…in range()循环示例

此时，程序将遍历 range(1,11)所指定的序列[1,2,3,4,5,6,7,8,9,10]中的每一个数值，并重复执行循环体中的语句，即 nsum 进行 1+2+……+10 的累加。for…in 循环与 range()函数示例程序运行结果如图 3.42 所示。

```
1+2+……+10的整数和为： 55
```

图 3.42　for…in 循环与 range()函数示例程序运行结果

3.3.5　任务实现

1．绘制流程图

计算 1^2、2^2、3^2……19^2、20^2 的值，并绘制出流程图，如图 3.43 所示。

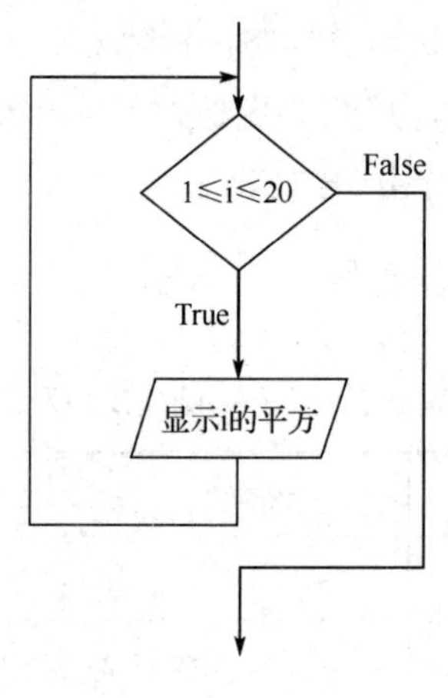

图 3.43　流程图

2．设计程序并调试运行

根据所绘制的流程图可以看到，这是一个非常典型的循环程序，可以利用 for…in 循环与 range()函数来实现。新建程序并输入设计好的代码，如图 3.44 所示。

```
# 循环程序
for i in range(1,21):
    print(i,'的平方是：',i**2)
```

图 3.44　任务 3 程序代码

当程序运行时，将遍历 range(1,21)所指定的序列中的每一个数值，并重复执行循环体中的语句。程序运行结果如图 3.45 所示。

```
1 的平方是： 1
2 的平方是： 4
3 的平方是： 9
4 的平方是： 16
5 的平方是： 25
6 的平方是： 36
7 的平方是： 49
8 的平方是： 64
9 的平方是： 81
10 的平方是： 100
11 的平方是： 121
12 的平方是： 144
13 的平方是： 169
14 的平方是： 196
15 的平方是： 225
16 的平方是： 256
17 的平方是： 289
18 的平方是： 324
19 的平方是： 361
20 的平方是： 400
```

图 3.45　任务 3 程序运行结果

任务拓展

如果陈老师想实现从键盘上输入一个数，输出从 1 开始到该数的平方表的功能，该如何改写这个程序？

项目考核

一、单选题

1．下面不是 Python 的关键字的是（　　）。

A．while　　B．for　　C．elif　　D．this

2．下面能将字符串类型转换为整数类型的函数是（　　）。

A．num()　　B．str()　　C．int()　　D．float()

3．关于 input()函数的使用，下面表述错误的是（　　）。

A．input()函数可以用无参的形式调用

B．如果输入“1”，则 input()函数会返回整数值“1”

C．整数值可以作为 input()函数的参数传入

D．input()函数可以作为 while 语句的条件

4．下面需要使用分支流程的是（　　）。

A．从 0 到 99 求和

B．计算某场考试的班级平均分

C．根据长和宽计算长方形面积

D．判断两个数的大小关系

5．在 Python 循环流程中，可以用于跳过本轮循环的语句是（　　）。

A．continue　　B．pass

C．return　　D．break

6．将 range(5, 0, -1)的返回值转换为列表是（　　）。

A．[5, 4, 3, 2, 1]　　B．[5, 4, 3, 2, 1, 0]

C．[0, 1, 2, 3, 4]　　D．[0, 1, 2, 3, 4, 5]

7．下面不能作为 for…in 循环的遍历对象的是（　　）。

A．'ABCD'　　B．range(10)

C．[1, 2, 3, 4, 5]　　D．2024

8．在下面程序的横线处填入（　　），可以让循环体执行 10 次。

```
i = ________
while i <= 10:
    i+=1
```

A．0　　B．1

C．2　　D．3

9．已知某项目评分为 x（1≤x≤5），现在需要将其分为 A、B、C 三档，并将分档结果保存在变量 y 中，需要在下面程序的横线处填入（　　）。

```
if x < 2:
    y = 'C'
```

```
____ x < 4:
    y = 'B'
else:
    y = 'A'
```

A. if　　　　B. else

C. elif　　　　D. else if

10. 如果 Python 程序陷入了死循环，则可以按（　　）组合键强行退出。

A. Ctrl+C　　　　B. Ctrl+A

C. Ctrl+Z　　　　D. Ctrl+V

二、填空题

1. 当 if 后面的表达式值为__________时，不会执行 if 语句块内的代码。

2. 在 Python 中，获取控制台输入的函数为__________。

3. range()函数的第 3 个参数名为__________。

4. range()函数的返回值类型为__________。

5. range(2, 5)[−1]的结果是__________。

6. 下面程序的运行结果是__________。

```
x = 1
s = 0
while s < 50:
    s += x
    x += 1
print(s)
```

7. 下面程序的运行结果是__________。

```
x = 1
s = 0
while s < 50:
    if x%2 == 1:
        s += x
    x += 1
print(s)
```

8．表达式 sum(range(0, 10, 2))的结果是__________。

9．当输入 1 时，input() * 3 的结果是__________。

10．使用__________语句可以跳出循环。

三、编程题

1．编写程序，输入班级总分和班级人数，计算班级的平均分并输出。

2．编写程序，已知优秀评级条件为分数≥90，输入分数，输出是否达到优秀评级的结论。

3．编写程序，利用 Python 判断二次函数 $x^2-5x+6=0$ 是否有解，如果有解，则求出其解。

4．你被困在一个神奇的山洞中，洞口有一扇铁门，上面的字条告诉你开门密码就是1～9999 中满足正序和逆序都为 7 的倍数的数字总数。编写程序，找到这个密码。

5．编写程序，求解满足 $x-y=xy//10$ 的有序数对(x, y)的个数，其中 x、y 均为小于 100 的自然数。

项目4

画作复原

项目介绍

在本项目中，你收到了来自一位画家朋友的最新画作，当打开画纸后，却看到了形式如下的两长串格式化数字：

第一部分：[(146,399),(163,403),(170,393),(169,391),(166,386),……

第二部分：[(156,141),(165,135),(169,131),(176,130),(187,134),……

还有一张纸条，附在画纸里面，上面写着："这是一幅由许许多多长短不一的直线条连成的图案，由两部分构成。图案的每一部分均由若干个点及相邻两点间的连线所构成，每一对圆括号内的数字就是点的坐标。亲爱的朋友，您能把这幅画复原，看看画的是什么吗？"

画纸里的点数量众多且分布密集，为了降低工作量、提高准确度，需要使用Python绘制出朋友的画作。

本项目的核心任务只有一个：根据已知的点集坐标，绘制连线、生成图像。我们选用PIL库来完成这个任务。

任务安排

任务1　编程思路与实现。

任务2　数据类型入门与实践。

学习目标

- ✧ 完成项目 4 实战。
- ✧ 掌握列表的类型及其操作方法。
- ✧ 掌握元组的定义及其操作方法。
- ✧ 掌握集合的定义及其操作方法。
- ✧ 掌握字典的定义及其操作方法。

任务 1 编程思路与实现

想要了解如何利用 Python 的 PIL（Python Image Library，图像处理）库进行图像处理，先要了解其库函数具备的函数应该如何使用，在了解各个函数后再进行画作复原。

4.1.1 PIL 库的使用

PIL 是 Python 的第三方图像处理库，但是由于其强大的功能与众多的使用人数，几乎已经被认为是 Python 官方的图像处理库了。PIL 库历史悠久，原来只支持 Python 2.x，现已移植到了 Python 3.x 中。

PIL 库中最重要的模块是 Image。如图 4.1 所示，使用 Image 模块打开一张图像，通过如下代码可以打开指定路径的图像，并另存为一张其他图像格式的文件。

```
>>> from PIL import Image  # 从 PIL 库中导入 Image 模块
>>>image = Image. open (“river. jpg”) # 读取文件名为“river.jpg”的图像
>>>image. show () # 显示图像
>>>image. save (“river.png", "png")  #转换图像格式并另存为 png 文件
```

图 4.1　使用 Image 模块打开一张图像

此外，用户可以使用 PIL 库的 ImageDraw 模块将两点绘制成直线。ImageDraw 模块提供了简单的 2D 绘制功能，用户可以使用这个模块创建新的图像、注释或润饰已存在的图像，以及实时产生各种图形。ImageDraw 模块使用了与 PIL 库一样的坐标系统，即原点（0,0）为屏幕左上角。绘制直线条的函数为 line(xy, options)，其中，坐标列表（参数 xy）可以是任何包含数对组[(x, y),…]或数字序列[x,y,…]的对象，至少包括两个坐标（x 和 y）。

4.1.2　编程实现

在 Anaconda 环境中，启动 Jupyter Notebook，创建一个可执行文件，命名为“画作复原.ipynb”并保存。接下来开始编写 Python 代码，代码如下。

```
    >>> from PIL import Image, ImageDraw
    # 来自画家的第一串数字
    >>>partOne=
[(146,399),(163,403),(170,393),(169,391),(166,386),(170,381),(170,371),(170
,355),(169,346),(167,335),(170,329),(170,320),(170,310),(171,301),(173,290)
,(178,289),(182,287),(188,286),(190,286),(192,291),(194,296),(195,305),(194
,307),(191,312),(190,316),(190,321),(192,331),(193,338),(196,341),(197,346)
,(199,352),(198,360),(197,366),(197,373),(196,380),(197,383),(196,387),(192
,389),(191,392),(190,396),(189,400),(194,401),(201,402),(208,403),(213,402)
,(216,401),(219,397),(219,393),(216,390),(215,385),(215,379),(213,373),(213
,365),(212,360),(210,353),(210,347),(212,338),(213,329),(214,319),(215,311)
,(215,306),(216,296),(218,290),(221,283),(225,282),(233,284),(238,287),(243
,290),(250,291),(255,294),(261,293),(265,291),(271,291),(273,289),(278,287)
,(279,285),(281,280),(284,278),(284,276),(287,277),(289,283),(291,286),(294
,291),(296,295),(299,300),(301,304),(304,320),(305,327),(306,332),(307,341)
,(306,349),(303,354),(301,364),(301,371),(297,375),(292,384),(291,386),(302
,393),(324,391),(333,387),(328,375),(329,367),(329,353),(330,341),(331,328)
,(336,319),(338,310),(341,304),(341,285),(341,278),(343,269),(344,262),(346
,259),(346,251),(349,259),(349,264),(349,273),(349,280),(349,288),(349,295)
,(349,298),(354,293),(356,286),(354,279),(352,268),(352,257),(351,249),(350
,234),(351,211),(352,197),(354,185),(353,171),(351,154),(348,147),(342,137)
,(339,132),(330,122),(327,120),(314,116),(304,117),(293,118),(284,118),(281
,122),(275,128),(265,129),(257,131),(244,133),(239,134),(228,136),(221,137)
,(214,138),(209,135),(201,132),(192,130),(184,131),(175,129),(170,131),(159
,134),(157,134),(160,130),(170,125),(176,114),(176,102),(173,103),(172,108)
```

```
,(171,111),(163,115),(156,116),(149,117),(142,116),(136,115),(129,115),(124
,115),(120,115),(115,117),(113,120),(109,122),(102,122),(100,121),(95,121),
(89,115),(87,110),(82,109),(84,118),(89,123),(93,129),(100,130),(108,132),(
110,133),(110,136),(107,138),(105,140),(95,138),(86,141),(79,149),(77,155),
(81,162),(90,165),(97,167),(99,171),(109,171),(107,161),(111,156),(113,170)
,(115,185),(118,208),(117,223),(121,239),(128,251),(133,259),(136,266),(139
,276),(143,290),(148,310),(151,332),(155,348),(156,353),(153,366),(149,379)
,(147,394),(146,399)]
    # 来自画家的第二串数字
    >>>partTwo=
[(156,141),(165,135),(169,131),(176,130),(187,134),(191,140),(191,146),(186
,150),(179,155),(175,157),(168,157),(163,157),(159,157),(158,164),(159,175)
,(159,181),(157,191),(154,197),(153,205),(153,210),(152,212),(147,215),(146
,218),(143,220),(132,220),(125,217),(119,209),(116,196),(115,185),(114,172)
,(114,167),(112,161),(109,165),(107,170),(99,171),(97,167),(89,164),(81,162
),(77,155),(81,148),(87,140),(96,138),(105,141),(110,136),(111,126),(113,12
9),(118,117),(128,114),(137,115),(146,114),(155,115),(158,121),(157,128),(1
56,134),(157,136),(156,136)]

    >>>im = Image.new("RGB", (640,480), "white")
    >>>image = ImageDraw.Draw(im)
    >>>image.line(partOne, 0) # 绘制第一部分
    >>>image.line(partTwo, 0) # 绘制第二部分
    >>>im.save("gift.png")
    >>>im.show()
```

运行结果如图 4.2 所示。

图 4.2 运行结果

任务2 数据类型入门与实践

经过任务1的学习与实践，我们了解了如何利用Python的PIL库将一系列数据还原成画作。接下来我们将较为系统地介绍数据的类型。

4.2.1 数据容器

编程语言的容器是用来存储和组织其他对象的。也就是说，容器中可以放很多东西，可以是整数、字符串，也可以是自定义类型数据，而容器把这些数据有组织地存放在计算机内存中。C++中的容器要事先定义好类型，也就是字符串类型的容器只能放字符串。但Python的容器中可以放任何类型的数据。Python的容器包括字符串、range()函数生成的等差数列、列表（List）、元组（Tuple）、集合（Set）、字典（Dictionary）等。这些容器各有用处。通过单独或组合使用它们，我们可以高效地完成很多事情。Python自身的内部实现细节也与这些容器类型息息相关。

按照数据是否可以修改，Python 容器分为可变容器（Mutable）和不可变容器（Immutable）。可变容器有列表、集合、字典；不可变容器有字符串、range()函数生成的等差数列、元组。注意，集合Frozen Set是不可变的。按照数据是否有序，容器可分为有序类型和无序类型，字符串、由range()函数生成的等差数列、列表、元组都是有序类型，而集合与字典是无序类型。另外，集合中没有重复元素。

数据容器中的元素是可以被迭代的（Iterable），即容器中包含的元素可以被逐个访问，以便处理。对于数据容器，我们可以使用运算符 in 来判断某个元素是否属于某个容器。由于数据容器的可迭代性，再加上运算符in，因此在Python中编写循环语句格外容易且方便。以字符串容器作为示例，代码如下。

```
>>> for ch in "Python":
>>>print(ch)
```

4.2.2 列表

列表和字符串一样，是一个有序类型（Sequence Type）的容器，其中包含索引编号的元素，用一对[]括起来。列表中的元素可以是不同类型的。不过，在解决现实问题时，程序员总是倾向于创建由同一个类型的数据构成的列表。遇到由不同类型数据构成的列表时，程序员更可能做的是想办法把不同类型的数据分门别类地拆分出来，整理清楚，这种工作有个专门的名称与之关联——数据清洗。在 4.1.2 节中，partOne 和 partTwo 这两个变量就是列表类型。

1. 创建列表

```
listA = []           #创建一个空列表
listB = [1, 2, 3]    #创建一个列表，包含 3 个元素：1、2、3
list ()s or list(iterable)
[(带有变量 x 的表达式)for x in iterable]
```

示例代码及运行结果如下。

```
>>>a = [10,20,'abc','xyz']
>>>b = []            #创建一个空列表对象
>>>print(a)
[10, 20, 'abc','xyz']
>>>a = list()        #创建一个空列表对象
>>>b = list(range(10))
>>>print(b)
[0, 1, 2, 3, 4, 5, 6, 7, 8, 9]

>>>c = list("'ab','xy'")
>>>print(c)
 ['a', 'b', 'x', 'y']

>>>a = list(range(3,15,2))      #从 3 开始，到 15 结束（不包含 15），步长是 2
>>>print(a)
[3, 5, 7, 9, 11, 13]

>>>b = list(range(15,9,-1))
>>>print(b)
 [15, 14, 13, 12, 11, 10]

>>>c = list(range(3,-4,-1))
>>>print(c)
[3, 2, 1, 0, -1, -2, -3]

#利用循环创建多个元素[0,2,4,6,8]
>>>a = [x*2 for x in range(5)]
```

```
>>>print(a)
[0, 2, 4, 6, 8]

>>>b = [x*2 for x in range(100)if x%9==0]
#通过 if 过滤元素[0,18,36,54,72,90,108,126,144,162,180,198]
>>>print(b)
[0, 18, 36, 54, 72, 90, 108, 126, 144, 162, 180, 198]
```

2. 列表的操作

列表的操作和字符串的操作一样，因为它们都是有序容器。列表的运算符如下。

- 拼接：+（与字符串的区别是不能用空格）。
- 复制：*o。
- 逻辑运算：in 和 not in、<、<=、>、>=、! =、==。

两个列表和两个字符串一样，也是可以被比较的，比较方式与字符串一样，从两个列表各自的第一个元素开始逐个比较，一旦决出胜负马上停止。列表也可以根据索引操作，由于列表是可变序列，因此可以根据索引提取、删除或替换元素。请阅读并思考如下示例代码。需要注意的是，列表是可变序列，而字符串是不可变序列，所以，对字符串来说，虽然也可以根据索引提取，但无法根据索引删除或替换元素。

```
>>>lst_2D = []
>>>lst_1D_a = ["1", "2", "3"]
>>>lst_1D_b = ["4", "5", "6"]
>>>lst_1D_c = ["7", "8", "9"]

>>>lst_2D.append(lst_1D_a)
>>>lst_2D.append(lst_1D_b)
>>>lst_2D.append(lst_1D_c)
>>>print(lst_2D)
[['1', '2', '3'], ['4', '5', '6'], ['7', '8', '9']]

>>>rows = 2
>>>cols = 3
>>>res = [[0 for i in range(rows)] for j in range(cols)]
>>>print(res)
[[0, 0], [0, 0], [0, 0]]
```

```
>>> s="python"
>>> lst=['p','y','t','h','o','n']
>>> s[1:3]
'yt'
>>> lst[1:3]
['y', 't']
>>> s[-1]
'n'
>>> lst[-2]
'o'

>>>list1 = [123]
>>>list2 = [456]
>>>list1 < list2
True

>>>list1 = [123]
>>>list2 = ['hello world']
>>>list3 = list1 + list2
>>>print(list3)
[123, 'hello world']

>>> list1=[123]
>>> list2=list1*10
>>> list2
[123, 123, 123, 123, 123, 123, 123, 123, 123, 123]
```

4.2.3 元组

在完整掌握列表的创建与操作之后，再理解元组就容易了，因为它们之间的主要区别只有两个。

- 列表是可变的有序容器，元组是不可变的有序容器。
- 列表用方括号标识，元组用圆括号标识。

创建一个元组时要用圆括号，代码如下。

```
t =()
```

多个元素之间用逗号分隔。元组是不可变序列，不能从其中删除元素。但是，可以在末尾追加元素。对元组来说，“不可变”的意思是指当前已有部分不可变。

初学者总是很好奇列表和元组的区别：首先是使用场景不同，如果容器中的数据将来需要更改，则应创建列表，否则创建元组。其次，从计算机的角度来看，元组相比于列表占用的内存空间更小，空间效率更高。我们做一个如下小实验。

```
>>> l = [1, 2, 3]
>>> l.__sizeof__()# __sizeof__()函数用于返回调用对象占用的内存大小（以字节为单位）
64
>>>
>>> tup = (1, 2, 3)
>>> tup.__sizeof__()
48
```

4.2.4 集合

集合与列表的不同之处在于，首先它不能包含重复元素，其次它是无序的，这两个特性与数学上的集合是一致的。集合又分为两种：可变的和不可变的。集合用花括号把元素括起来，用逗号把元素分隔。

```
primes = {2, 3, 5, 7, 11, 13, 17} # 创建了一个名为“primes”的素数的集合
```

注意：创建空集合时，必须使用 set()函数，而不能用花括号，示例代码如下。

```
>>>basket = {'apple', 'orange', 'apple', 'pear', 'orange', 'banana'}
>>>print(basket)
 {'apple', 'orange', 'banana', 'pear'}

>>>fruit = set(("apple", "banana", "cherry"))  # 请留意这个双括号
>>>print(fruit)
{'banana', 'apple', 'cherry'}
```

4.2.5 字典

字典是 Python 中唯一一种映射（Map）容器。字典中的每个元素均由两部分组成：键

（Key）和值（Value）。两者用一个冒号连接，字典直接使用键作为索引，并映射到与它匹配的值上。

在同一个字典中，键是唯一的。当创建字典时，如果其中有重复的键，则会像集合那样被自动去重（保留的是众多重复键中的最后一个）。字典数据类型之所以被称为映射，是因为字典中的键都映射且只映射到一个对应的值上。请阅读并思考如下示例代码及运行结果。

```
>>>dict = {"name": "张三", "age": 20, "sex": "男"}
>>>dict1={}
>>>dict2={}
>>>print(dict)
>>>print(dict1)
>>>print(dict2)


{'name': '张三', 'age': 20, 'sex': '男'}
{}
{}
```

如果想要增加、删除、查找、修改字典中的元素，则可以使用以下方法。

```
# 定义一个字典
>>>dict = {"name": "张三", "age": 20, "sex": "男"}
# 增加元素
>>>dict["score"] = 100
>>>print(dict)
{'name': '张三', 'age': 20, 'sex': '男', 'score': 100}

# 定义一个字典
>>>dict = {"name": "张三", "age": 20, "sex": "男"}
#删除元素
>>>del dict["name"]
>>>print(dict)
{'age': 20, 'sex': '男'}

# 定义一个字典
>>>dict = {"name": "张三", "age": 20, "sex": "男"}
#查找元素
```

```
>>>value=dict["sex"]
>>>print(value)
男

# 定义一个字典
>>>dict = {"name": "张三", "age": 20, "sex": "男"}
#修改元素
>>>dict["name"]="李四"
>>>print(dict)
{'name': '李四', 'age': 20, 'sex': '男'}
```

项目考核

一、温故知新

阅读如下 Python 代码，写出运行结果，体会列表及其各种内建函数的用法。

```
nineFruits = '苹果 橘子 香蕉 草莓 西瓜 菠萝'
print ("九种水果还缺三种？我们一起来修复这个 Bug。")
fruits = nineFruits.split ('')        #将字符串中以空格分隔的元素依次放入列表中
moreFruits =["榴梿","葡萄",桃子","梨子","李子"]

while len(fruits) < 9:
#移除列表中的一个元素(默认为最后一个元素)，并且返回该元素的值
oneMore = moreFruits .pop ()
print ("再添加一种水果：" oneMore)
fruits. append (oneMore)              #在列表中追加一个元素
print (f"现在已有{len (fruits)} 种水果。")
print(fruits)
```

二、小试牛刀

编写程序，首先通过字典将中国的省、自治区、直辖市的名称与其简称映射起来，然后允许用户通过输入省、自治区、直辖市的名称来查询其对应的简称。例如，当用户输入“浙江”时，程序输出简称“浙”。

三、举一反三

一个合法的身份证号码由 17 位地区编号、日期编号和顺序编号加上 1 位校验码 M 构成。校验码 M 的计算规则如下。

- 首先对前 17 位数字加权求和，权重分配为 {7,9,10,5,8,4,2,1,6,3,7,9,10,5,8,4,2}。
- 然后将求出的和对 11 取模，得到值 Z。
- 最后按照以下对应关系，根据 Z 值计算出校验码 M 的值。

```
Z: 0 1 2 3 4 5 6 7 8 9 10
M: 1 0 X 9 8 7 6 5 4 3 2
```

编写程序，接收用户输入的一个身份证号码，判断此身份证号码的校验码的有效性。注意，只需判断校验码，无须判断出生地、出生日期等信息的正确性。

项目 5

动态绘制红色旗帜

项目介绍

turtle 库（海龟）是 Python 重要的标准库之一，能够进行基本的图形绘制，其概念诞生于 1969 年。turtle 既是具有价值的程序设计入门实践库，也是程序设计入门层面常用的基本绘图函数库。turtle 是真实存在的，可以想象成一只海龟在窗体正中间，由程序控制其在画布上游走，走过的轨迹形成了绘制的图形，可以变换海龟的颜色和宽度等，这只海龟就是我们的画笔。

在绘制红色旗帜的程序设计中，依靠调用 turtle 库函数来生成一只可以“画画”的海龟，它拿着画笔在窗体中逐步绘制一面鲜红的旗帜，通过每一个五角星的绘制、背景颜色的填充，不难发现除了能够仅用简洁的几行代码便创建出色彩鲜明的图案，还能探索到这只会“画画”的海龟的移动轨迹和顺序究竟是如何受到代码的影响和控制的。

任务安排

任务 1　编程思路与实现。

任务 2　函数入门与实践。

学习目标

- ✧ 完成项目 5 实战。
- ✧ 熟悉 Python 的内置函数。
- ✧ 掌握自定义函数的方法。
- ✧ 了解函数中的参数。
- ✧ 了解变量的作用域。

任务 1　编程思路与实现

想要了解如何利用 Python 的 turtle 库函数，先要了解其库具备的函数应该如何使用，在了解各个函数后再进行旗帜动态绘制编程的设计。

5.1.1　turtle 库中的常用函数

1．海龟动作

绘制海龟动作常用的 turtle 库函数如表 5.1 所示。

表 5.1　绘制海龟动作常用的 turtle 库函数

函数	参数	说明
turtle.forward(distance) turtle.fd(distance)	distance：一个数值（整型或浮点型）	前进：海龟前进 distance 指定的距离，方向为海龟的朝向
turtle.backward(distance) turtle.back(distance) turtle.bk(distance)	distance：一个数值（整型或浮点型）	后退：海龟后退 distance 指定的距离，方向为海龟的朝向
turtle.right(angle) turtle.rt(angle)	angle：一个数值（整型或浮点型）	右转：海龟右转 angle 个单位（单位默认为角度，但可以通过 degrees()函数和 radians()函数改变设置）；角度的正负由海龟模式确定
turtle.left(angle) turtle.lt(angle)	angle：一个数值（整型或浮点型）	左转：海龟左转 angle 个单位（单位默认为角度，但可以通过 degrees()函数和 radians()函数改变设置）；角度的正负由海龟模式确定

续表

函数	参数	说明
turtle.goto(x,y=None) turtle.setpos(x,y=None) turtle.setposition(x,y=None)	x：一个数值或数值对/向量； y：一个数值或 None	前往定位：如果 y 为 None，则 x 应为一个表示坐标的数值对或 Vec2D 类对象（例如，使用 pos()函数返回的对象）； 海龟移动到一个绝对坐标； 如果画笔已落下，将会画线， 不改变海龟的朝向
turtle.setx(x)	x：一个数值（整型或浮点型）	设置 x 坐标：设置海龟的横坐标为 x，纵坐标保持不变
turtle.sety(y)	y：一个数值（整型或浮点型）	设置 y 坐标：设置海龟的纵坐标为 y，横坐标保持不变
turtle.setheading(to_angle) turtle.seth(to_angle)	to_angle：一个数值（整型或浮点型）	设置朝向：设置海龟的朝向为 to_angle； 标准模式：0-东，90-北，180-西，270-南； logo 模式：0-北，90-东，180-南，270-西
turtle.home()	无	返回原点：海龟移动到初始坐标(0,0)，并设置朝向为初始方向
turtle.circle(radius, extent=None, steps=None)	radius：半径； extent：夹角； steps：边的数量	画圆：绘制一个 radius 指定半径的圆。圆心在海龟左边 radius 个单位；extent 为一个夹角，用于决定绘制圆的一部分； 如果未指定 extent，则绘制整个圆； 如果 extent 不是完整圆周，则以当前画笔位置为一个端点绘制圆弧； 如果 radius 为正值，则朝逆时针方向绘制圆弧，否则朝顺时针方向绘制圆弧； 最终海龟的朝向会依据 extent 的值而改变
turtle.dot(size=None,*color)	size：一个整型数≥1（如果指定）； color：一个颜色字符串或颜色数值元组	画点：绘制一个直径为 size，颜色为 color 的圆点； 如果 size 未指定，则直径取 pensize+4 和 2×pensize 中的较大值
turtle.stamp()	无	印章：在海龟当前位置印制一个海龟形状； 返回该印章的 stampid，印章可以通过 clearstamp(stampid) 来删除
turtle.clearstamp(stampid)	stampid：一个整型数，必须是之前 stamp()函数调用的返回值	清除印章：删除 stampid 指定的印章

续表

函数	参数	说明
turtle.clearstamps(n=None)	n：一个整型数（或 None）	清除多个印章：删除全部或前/后 n 个海龟印章；如果 n 为 None，则删除全部印章；如果 n > 0，则删除前 n 个印章；如果 n < 0，则删除后 n 个印章
turtle.undo()	无	撤销：撤销（或连续撤销）最近的一个（或多个）海龟动作；可撤销的次数由撤销缓冲区的大小决定
turtle.speed(speed=None)	speed：一个取值范围为 0～10 的整型数或速度字符串 "fastest"：0 最快； "fast"：10 快； "normal"：6 正常； "slow"：3 慢； "slowest"：1 最慢	速度：设置海龟移动的速度为 0～10 的整型数值； 如果未指定参数，则返回当前速度

2. 海龟状态

绘制海龟状态常用的 turtle 库函数如表 5.2 所示。

表 5.2　绘制海龟状态常用的 turtle 库函数

函数	参数	说明
turtle.position() turtle.pos()	无	位置：返回海龟当前的坐标 (x,y)（为 Vec2D 矢量类对象）
turtle.towards(x,y=None)	x：一个数值或数值对/矢量，或一个海龟实例； y：一个数值——如果 x 不是一个数值，则 y 为 None	目标方向：返回从海龟位置到由(x,y)、矢量或另一海龟所确定位置的连线的夹角； 此数值依赖于海龟的初始朝向，这又取决于“standard”、“world”或“logo”模式设置
turtle.xcor()	无	返回海龟的 x 坐标
turtle.ycor()	无	返回海龟的 y 坐标
turtle.heading()	无	返回海龟当前的朝向
turtle.distance(x, y=None)	x：一个数值或数值对/矢量，或一个海龟实例； y：一个数值——如果 x 不是一个数值，则 y 为 None	距离：返回从海龟位置到由(x,y)、矢量或另一海龟对应位置的单位距离

3．画笔控制

海龟控制常用 turtle 库函数如表 5.3 所示。

表 5.3　海龟控制常用 turtle 库函数

函数	参数	说明
turtle.pendown() turtle.down() turtle.pd()	无	画笔落下
turtle.pendup() turtle.up() turtle.pu()	无	画笔抬起
turtle.pensize(width=None) turtle.width(width=None)	width：一个数值	画笔粗细：设置线条的粗细为 width 或返回该值； 如果将 resizemode 设置为 auto 且 turtleshape 为多边形，则该多边形以同样组细的线条绘制； 如果未指定参数，则返回当前的 pensize
turtle.pen(pen=None, **pendict)	pen：一个包含部分或全部键的字典； pendict：一个或多个键为关键字的参数	画笔
turtle.isdown()	无	画笔是否落下：如果画笔落下，则返回 True；如果画笔抬起，则返回 False

4．颜色控制

颜色控制常用 turtle 库函数如表 5.4 所示。

表 5.4　颜色控制常用 turtle 库函数

函数	参数	说明
turtle.color(*args)	color()：返回以一对颜色描述字符串或元组表示的当前画笔颜色和填充颜色，两者可分别由 pencolor()函数和 fillcolor()函数返回； color(colorstring)、color((r,g,b))、color(r,g,b) 输入格式与 pencolor()相同，同时设置填充颜色和画笔颜色为指定的值； color(colorstring1, colorstring2)、color((r1,g1,b1), (r2,g2,b2))相当于 pencolor(colorstring1)与 fillcolor(colorstring2)的组合，使用其他输入格式的方法也与之类似	返回或设置画笔颜色和填充颜色

续表

函数	参数	说明
turtle.pencolor(*args)	允许以下 4 种输入格式： pencolor()； pencolor(colorstring)； pencolor((r, g, b))； pencolor(r, g, b)	返回或设置画笔颜色
turtle.fillcolor(*args)	允许以下 4 种输入格式： fillcolor()； fillcolor(colorstring)； fillcolor((r, g, b))； fillcolor(r, g, b)	返回或设置填充颜色
turtle.filling()	无	返回填充状态（填充为 True，否则为 False）
turtle.begin_fill()	无	开始填充：在绘制要填充的形状之前调用
turtle.end_fill()	无	结束填充：填充上次调用 begin_fill()函数之后绘制的形状

5.1.2 编程思路

1. 旗帜标准

本任务所要绘制的旗帜由 5 颗星星组成，可以部分参照国旗的标准，总体上形状、颜色相同，同时考虑到编程实现的适应性，在 5 颗星星的绘制环节略有调整，以该思路绘制出最终的旗帜。

2. 设计步骤

基于以上要求，结合 turtle 库函数，稍作调整，总体代码设计步骤如下。

① 首先初始化画布，确定旗帜的颜色、尺寸，画笔的颜色，以及绘制速度。

② 调用基于以上规则设计好的 starGenerator()函数，分别绘制 5 颗星星，绘制顺序应先确定大星星的位置和形状并进行绘制，再经过 4 次遍历调用 starGenerator()函数绘制 4 颗小星星。旗帜绘制步骤如图 5.1 所示。

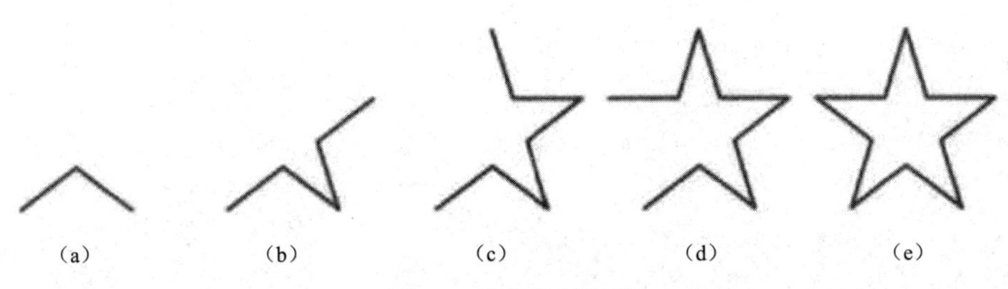

图 5.1　旗帜绘制步骤

其中，自定义函数 starGenerator ()的设计思路需要基于星星的形状特点，由于其为闭合图案（或对称图案），因此在绘制星星时，首先考虑绘制出两个角的两条相邻边（a），然后将（a）重复 4 次，即完成一颗星星的绘制。假设星星每个角的边长为 fd，根据几何原理和表 5.1～表 5.4 中的库函数可以推导出，（a）应由 4 步完成：首先海龟前移 fd；其次海龟向右旋转 72 度；再次海龟前移 fd；最后海龟向左旋转 144 度。至此完整的解题思路已经形成，接下来开始编程实现。

5.1.3　编程实现

在 Anaconda 环境中，启动 Jupyter Notebook，新建一个名为 MyNotebook 的文件夹，创建一个可执行文件，命名为“动态绘制红色旗帜.ipynb”并保存。接下来开始编写 Python 代码，代码如下。

```
'''
作者：DaZhao
名称：“动态绘制红色旗帜”示例程序
'''
#引入 turtle 库，召唤海龟
import turtle
# 海龟初始化设置
#参照表 5.1～表 5.4 了解各个函数的参数意义
turtle.setup(600, 400, 0, 0)
turtle.bgcolor("red")
turtle.color ("yellow")
turtle.speed(3)
'''
自定义 starGenerator() 函数
    参数 x：绘制起点 X 坐标
    参数 y：绘制起点 Y 坐标
```

```
    参数 h：海龟初始朝向
    参数 fd：海龟前进距离
    参数 angle：海龟转向角度，默认值为 144
'''
def starGenerator(x,y,h,fd,angle=144):
    turtle.begin_fill()
    turtle.up()
    turtle.goto(x,y)
    turtle.seth(h)
    turtle.down()
    for i in range (5):
        turtle.forward(fd)
        turtle.right(angle//2)
        turtle.forward(fd)
        turtle.left(angle)
    turtle.end_fill()

#调用 starGenerator()函数绘制 5 颗星星
starGenerator(-230,30,36,50)
starGenerator(-100,180,305,15)
starGenerator(-60,120,304,15)
starGenerator(-60,60,303,15)
starGenerator(-100,10,302,15)
#签写“我爱你中国!”
turtle.up ()
turtle.goto(150,-160)
turtle.write ("我爱你中国! ",font= ("华文楷体",20,"normal"))
turtle.hideturtle()
turtle.done()
```

将以上代码输入到新建的可执行文件中，单击“运行”按钮后，能看到一只海龟在窗口中进行红色旗帜的绘制。

任务 2　函数入门与实践

经过本项目任务 1 的学习和实践，我们了解了如何利用 Python 中的 turtle 库函数进行红色旗帜的绘制，还接触了自定义函数。本任务将会系统地介绍函数与自定义函数的意义、作用及如何使用。

5.2.1　函数的概念

1．函数的意义

Python 中函数的应用非常广泛，通过前文的学习，大家已经接触了多个函数，如 input()、print()、range()、len()等函数，这些都是 Python 的内置函数，大家可以直接使用。除了可以直接使用的内置函数，Python 还支持自定义函数，即将一段有规律的、可重复使用的代码定义成函数，从而达到一次编写、多次调用的目的。

例如，通过 len()函数，我们可以直接获取一个字符串的长度。我们不妨设想一下，如果没有 len()函数，要想获取一个字符串的长度，该如何实现呢？请看下面的代码。

```
n=0
for i in "Zhe jiang Financial College":
  n = n + 1
print(n)
```

运行结果如下。

```
27
```

获取一个字符串的长度是常用的功能，一个程序中就可能用到很多次，如果每次都写这样一段重复的代码，不但费时费力、容易出错，而且交给别人时也很麻烦。所以 Python 提供了一个功能，即允许我们将常用的代码以固定的格式封装（包装）成一个独立的模块，只要知道这个模块的名字就可以重复使用它，这个模块被称为函数（Function）。

例如，在程序中定义了一段代码，这段代码用于实现一个特定的功能。问题来了，如果下次需要实现同样的功能，难道要把前面定义的代码复制一次？如果这样做，那么实在有些笨拙，这意味着每次当程序需要实现该功能时，都要将前面定义的代码复制一次。正确的做法是，将实现特定功能的代码定义成一个函数，每当程序需要实现该功能时，只要执行（调用）该函数即可。其实，函数的本质就是一段有特定功能、可以重复使用的代码，这段代码已经被提前编写好了，并且为其起了一个“好听”的名字。在后续编写程序的过程中，如果需要实现同样的功能，则直接通过起好的名字调用这段代码即可。因此函数是组织好的、可重复使用的，用来实现单一或相关联功能的代码段。

下面演示如何将上述计算字符串长度的代码段设计为一个函数，从而方便在需要的时候重复调用，代码如下。

```
#自定义计算字符串长度的函数
def myLen(str):
    length = 0
    for i in str:
        length = length + 1
    return length

#自定义函数结束
#调用自定义的 myLen() 函数
newLength = myLen("Zhe jiang Financial College")
print(newLength)
```

2. 自定义函数

根据上面的示例，我们可以总结出自定义一个函数需要遵守以下规范。

- 函数代码块以 def 关键词开头，后接函数标识符名称和圆括号。
- 函数内容以冒号开始，并且需要缩进。
- return[表达式]表示结束函数，选择性地返回一个值给调用方，不带表达式的 return 相当于返回 None。

可将上述规范书写如下。

```
def 函数名(参数列表):
        #实现特定功能的多行代码
        [return [表达式]]
```

- 函数名其实就是一个符合 Python 语法的标识符，但不建议用户使用 a、b、c 这类简单的标识符作为函数名。函数名最好能够体现出该函数的功能（如上面的 myLen()，表示用户自定义的 len()函数）。
- 参数列表用于设置该函数可以接收多少个参数，多个参数之间用逗号分隔。
- [return [表达式]]：表达式作为函数的可选参数，用于设置该函数的返回值。也就是说，一个函数，可以有返回值，也可以没有返回值，是否需要根据实际情况而定。

注意，在创建函数时，即使函数不需要参数，也必须保留一对空的圆括号，否则 Python 解释器将提示“invaild syntax”错误。另外，如果想要定义一个没有任何功能的空函数，则可以使用 pass 语句作为占位符。

示例代码如下。

```
#定义一个功能为空的函数，没有实际意义
def myPass():
    pass

#定义一个比较字符串大小的函数
def myMax(str1,str2):
    str = str1 if str1 > str2 else str2
    return str

#调用两个函数
print(myPass())
print(myMax("abc","abcd"))
```

运行结果如下。

```
None
abcd
```

虽然 Python 允许定义空函数，但空函数本身并没有实际意义。另外值得一提的是，函数中的 return 语句可以直接返回一个表达式的值，如修改上面的 myMax ()函数，修改代码如下。

```
def newMymax(str1,str2):
    return str1 if str1 > str2 else str2
#调用该函数
print(newMymax("abc","abcd"))
```

newMymax()函数的功能与 myMax()函数的功能是完全一样的，只是省略了创建 str 变量的过程，因此函数代码更加简洁。

3．函数的调用

调用函数也就是执行函数。如果把创建的函数理解为一个具有某种用途的工具，调用函数就相当于使用该工具。

函数调用的语法格式如下。

```
[返回值]=函数名([形参值])
```

其中，函数名表示要调用的函数的名称；形参值表示当初创建函数时要求传入的各个形参的值。如果该函数有返回值，则通过一个变量来接收该值，当然也可以不接收。需要注意的是，创建函数有多少个形参，调用时就需要传入多少个值，且顺序必须和创建函数时一致。即便该函数没有参数，函数名后的圆括号也不能省略。

例如，调用上面创建的 myPass ()函数和 newMymax ()函数，代码如下。

```
print(myPass())
strmax = newMymax("I am a student","You are a teacher");
print(strmax)
```

运行结果如下。

```
None
You are a teacher
```

首先，对于调用空函数来说，由于函数本身并不包含任何有价值的执行代码，也没有返回值，所以调用空函数不会有任何效果。

其次，对于上面程序中调用的 newMymax ()函数，由于当初定义该函数时为其设置了两个参数，因此这里在调用该函数时必须传入两个参数。另外，由于该函数内部还使用了 return 语句，因此可以使用 strmax 变量来接收该函数的返回值。

4. 函数的说明文档

通过调用 Python 的 help()内置函数或__doc__属性，用户可以查看某个函数的使用说明文档。事实上，无论是 Python 提供的函数，还是自定义的函数，其说明文档都需要设计该函数的用户编写。

其实，函数的说明文档本质就是一段字符串，只不过作为说明文档，字符串的放置位置是有讲究的，函数的说明文档通常位于函数内部、所有代码的最前面。

以 myMax()函数为例演示如何为其设置说明文档，代码如下。

```
#定义一个比较字符串大小的函数
def myMax(str1,str2):
    '''
    比较两个字符串的大小
    '''
    str = str1 if str1 > str2 else str2
    return str
help(myMax)
#print(strmax.__doc__)
```

运行结果如下。

```
Help on function myMax in module __main__:
myMax(str1, str2)
        比较两个字符串的大小
```

5.2.2　函数进阶

1．参数和变量

在 Python 中，类型属于对象。对象有不同类型的区分，而变量是没有类型的。示例代码如下。

```
a=[1,2,3]
a=" Zhe jiang Financial College "
```

在以上代码中，[1,2,3] 是 List 类型，“Zhe jiang Financial College”是 String 类型，而变量 a 是没有类型的，它仅是一个对象的引用（一个指针），可以是指向 List 类型的对象，也可以是指向 String 类型的对象。

以下是调用函数时可使用的正式参数类型。

- 必备参数。
- 关键字参数。
- 默认参数。
- 不定长参数。

（1）必备参数必须以正确的顺序传入函数。调用时的数量必须与声明时的数量一样。当调用 printme()函数时，必须传入一个参数，否则会出现语法错误。示例代码如下。

```
#!/usr/bin/python
# -*- coding: UTF-8 -*-
#可写函数说明
def printme( str ):
   "输出任何输入的字符串"
   print (str)
   return

#调用 printme()函数
printme()
```

此时会报错。

```
TypeError: printme() missing 1 required positional argument: 'str'
```

该报错信息明确提示必须要传入一个 str 参数，因为在定义函数时明确了需要接收一个参数，将函数调用修改如下。

```
printme("Zhe jiang Financial College")
```

运行结果如下。

```
Zhe jiang Financial College
```

（2）关于关键字参数，它与函数调用关系紧密，函数调用使用关键字参数来确定传入的参数值。使用关键字参数允许函数调用时参数的顺序与声明时不一致，因为 Python 解释器能够用参数名匹配参数值。下面的实例在 printme()函数调用时使用了参数名，代码如下。

```
#!/usr/bin/python
# -*- coding: UTF-8 -*-
#可写函数说明
def printme( str ):
   "输出任何输入的字符串"
   print (str)
   return

#调用 printme()函数
printme( str = "Zhe jiang Financial College")
```

运行结果如下。

```
Zhe jiang Financial College
```

下面的实例能将关键字参数的顺序并不重要这一特点展示得更为直观，代码如下。

```
#!/usr/bin/python
# -*- coding: UTF-8 -*-
#可写函数说明
def printinfo( name, age ):
   "输出任何输入的字符串"
   print ("Name: ", name)
   print ("Age:", age)
   return
```

```
#调用 printinfo()函数
printinfo( age=30, name="LiHua" )
```

运行结果如下。

```
Name: LiHua
Age: 30
```

（3）关于默认参数，当函数被调用时，如果没有传入默认参数的值，则被认为是默认值。下面的实例能输出默认的 age 的值，代码如下。

```
#!/usr/bin/python
# -*- coding: UTF-8 -*-
#可写函数说明
def printinfo( name, age = 35 ):
   "输出任何输入的字符串"
   print ("Name: ", name)
   print ("Age:", age)
   return

#调用 printinfo()函数
printinfo( age=30, name="LiHua" )
printinfo( name="LiHua" )
```

运行结果如下。

```
Name:  LiHua
Age: 30
Name:  LiHua
Age: 35
```

可以看出，当函数被调用且不指定 age 参数的具体值时，将使用默认值进行计算。

（4）关于不定长参数，可以应用在一些情境中，如可能需要一个函数能处理比当初声明时更多的参数。这些参数被称为不定长参数，与上述两种参数不同，声明不定长参数时不会命名，基础语法如下。

```
def functionname([formal_args,] *var_args_tuple ):
   "函数_文档字符串"
   function_suite
   return [expression]
```

其中，加了“*”的变量名会存放所有未命名的变量参数。不定长参数示例代码如下。

```
#!/usr/bin/python
```

```
# -*- coding: UTF-8 -*-
# 可写函数说明
def printinfo( arg1, *vartuple ):
   "输出任何输入的参数"
   print ("输出: ")
   print (arg1)
   for var in vartuple:
      print (var)
   return

# 调用printinfo() 函数
printinfo( 2 )
printinfo( 10, 20, 30 )
```

运行结果如下。

```
输出:
2
输出:
10
20
30
```

2. 可更改（mutable）与不可更改（immutable）对象

在 Python 中，strings、tuples 和 numbers 是不可更改的对象，而 list、dict 等是可以更改的对象。

- 不可变类型：变量赋值 a=5 后再赋值 a=10，这里实际是新生成一个 int 值对象 10，让 a 指向它，而 5 被丢弃，不是改变 a 的值，相当于新生成了 a。
- 可变类型：变量赋值 la=[1,2,3,4] 后再赋值 la[2]=5，这是将 list la 的第 3 个元素值更改，本身 la 没有动，只是其内部的一部分值被修改了。

在 Python 函数的参数传递中，不可变类型类似 C++的值传递，如整数、字符串、元组。例如，fun(a)传递的只是 a 的值，没有影响 a 对象本身，如果在 fun(a)内部修改 a 的值，则是新生成一个 a 的对象。可变类型类似 C++的引用传递，如列表，字典。例如 fun(la)，这是将 la 真正地传过去，修改后 fun 外部的 la 也会受影响。

Python 中的一切都是对象，严格意义上我们不能说值传递还是引用传递，应该说传不可变对象和传可变对象。

通过 id() 函数来查看内存地址变化，示例代码如下。

```
#Python 传不可变对象示例
def changeNum(a):
    print(id(a))    # 指向的是同一个对象
    a=10
    print(id(a))    # 一个新对象


a=1
print(id(a))
changeNum(a)
```

运行结果如下。

```
140727165436712
140727165436712
140727165437000
```

可以看到，在函数调用前后，形参和实参指向的是同一个对象（对象 id 相同），在函数内部修改形参后，形参指向的是不同的 id。

示例代码如下。

```
#Python 传可变对象示例
def changeList( mylist ):
   "修改传入的列表对象"
   mylist.append([1,2,3,4])
   print ("函数内取值: ", mylist)
   return
# 调用 changeList()函数
mylist = [8,9,10]
changeList( mylist )
print ("函数外取值: ", mylist)
```

运行结果如下。

```
函数内取值:  [8, 9, 10, [1, 2, 3, 4]]
函数外取值:  [8, 9, 10, [1, 2, 3, 4]]
```

可以看到，可变对象在函数里修改了参数，那么在调用这个函数的函数里，原始的参数也被改变了，这意味着传入函数的对象和在末尾添加新内容的对象用的是同一个引用（指针）。

3．变量的作用域

下面的代码经常会使初学者产生疑惑。当 plusOne (n)被调用之后，n 的值究竟是多少呢？print(n)的输出结果应该是什么呢？

```
def plusOne(n):
      n += 1
      return n
n = 1
print(plusOne(n))
print(n)
```

运行结果如下。

```
2
1
```

在程序运行过程中，变量有全局变量（Global Variable）和局域变量（Local Variable）之分。首先，每次某个函数被调用时，这个函数会开辟一个新的内存区域，这个函数内部所有的变量都是局域变量。也就是说，即便函数内部某个变量的名称与它外部的某个全局变量的名称相同，它们也不是同一个变量——只是名称相同而已；其次，当外部调用一个函数时，传递给参数的不是变量本身，而是变量的值。也就是说，当 plusOne(n)函数被调用时，被传递给那个恰好也叫 n 的局域变量的是全局变量 n 的值 1；再次，plusOne(n)函数的代码开始运行，局域变量 n 经过执行 n += 1 之后，其值变为 2，而后这个值又被 return 语句返回，所以 print(plusOne(n))输出的值是函数被调用之后的返回值，即 2；最后，全局变量 n 的值并没有被改变，因为局部变量 n（它的值是 2）和全局变量 n（它的值还是 1）只不过是名字相同而已，但它们并不是同一个变量。

有一种情况要格外注意，当传递进来的参数是可变类型（如列表）时，如果函数内部对这个类型的某些项进行了修改，则全局有效。所以，一个比较好的习惯是，如果传递进来的值是列表，则在函数内部对其操作之前，应先创建一个它的副本。

4．匿名函数

在 Python 中，用户可以使用 lambda 来创建匿名函数。所谓匿名函数就是不再使用 def 这种形式来定义函数。lambda 的语法格式如下。

```
lambda 参数列表：表达式
```

匿名函数的简单句法限制了 lambda 函数的定义只能使用纯表达式，不能有语句。换句话说，lambda 函数的定义中不能有赋值语句，且不能使用 while 和 try 等语句。lambda

函数有如下特性。

- 匿名，通俗地说就是没有名字的函数。
- 有输入和输出，输入是传入参数列表的值，可以是一个，也可以是多个；输出是根据表达式计算得到的值。
- 功能简单，单行决定了 lambda 函数不可能完成复杂的逻辑，只能完成非常简单的功能。

假如要编写函数实现计算多项式 $1+2x+y^2+zy$ 的值，可以定义一个 lambda 函数来完成这个功能，代码如下。

```
polynominal = lambda x,y,z: 1+2*x+y**2+z*y
polynominal(1,2,3)
```

运行结果如下。

```
13
```

可以看到，lambda 函数在面对较为简单的计算逻辑设计时，具有极其便捷的优势。

项目考核

一、温故知新

Python 有很多内置函数，作为回顾，请在 Python 命令行中查看以下函数的说明文档，熟悉其使用方法。

- sum()：求和。
- max()：取最大值。
- min()：取最小值。
- round()：四舍五入。
- abs()：取绝对值。
- range()：生成左闭右开区间[start,end)内以 step 为步长的整数序列。

二、小试牛刀

请阅读以下代码，写出其运行结果。

```
def printAny(*args):#符号*表示接收所有参数，并放到名为 args 的列表中
    i=0
```

```
    for var in args:
        print (f'arg{i} 的值:{var}')
        i=i+1

def printTwo(argl, arg2):
    print (f'argl 的值: {argl}; arg2 的值:{arg2}')
def printOne(argl):
    print (f'argl 的值:{argl}')
def printNone():
    print ("没有任何参数。")
printAny("Syman", "Sun","moon")
printTwo("Syman", "Sun")
printOne ("Python1")
printNone()
```

三、举一反三

1．经过了上述学习和实践，现在请尝试自己编写小的功能函数。该函数功能为接收列表作为参数，返回列表的求和结果。

2．编写函数计算 $n!$。

项目6

破译凯撒密码

项目介绍

凯撒密码（Caesar Cipher）是密码学中一种非常简单且广为人知的加密技术。它是一种替换加密的技术，明文中的所有字母都在字母表上向后（或向前）按照一个固定数目进行偏移后被替换成密文。例如，当向右偏移量是3时，所有的小写字母a将被替换成d，b被替换成e，以此类推。这个加密方法是以凯撒的名字命名的，当年凯撒曾用此方法与其将军们进行联系。

那么什么是加密呢？

首先，“密码”或“加密系统”用于“加密”数据。原始的未加密的数据被称为明文。加密的结果被称为密文。通过“解密”的过程，我们把密文恢复成原始的明文。

在本项目中，你收到了一封来自朋友的邀请函。为了不让别人知道邀请函的信息，朋友对邀请函的内容进行了一些处理。你需要根据加密规则，利用 Python 编写一个程序来破译密文，还原邀请函的内容。

加密规则如下。

- 邀请函内容由小写字母、数字、空格、标点符号组成。
- 采用凯撒加密，左偏移量是2。例如，c被替换成a，以此类推，如果字母左边第2个超过了边界，则从小写字母z起循环计数。例如，a被替换成y。

在本项目中，我们将学习字符的有关知识、熟悉并掌握字符串的处理方法。

任务安排

任务 1　编程思路与实现。

任务 2　字符串的常用操作。

任务 3　学习转义字符。

学习目标

✧ 完成项目 6 实战。

✧ 学习字符的基础知识。

✧ 掌握字符串的一般操作。

✧ 学习转义字符。

任务 1　编程思路与实现

我们可以将邀请函信息的破译分成 3 个任务，包括密文的输入、密文的解密及解密后明文的输出。要完成这 3 个任务，我们就需要掌握 Python 中字符串的输入/输出及查找操作。

6.1.1　字符串的定义与输入/输出

字符串应该是编程语言里都会提到的一个概念。为什么要引入字符串，它有什么用呢？我们知道，生活中的信息不是几个字母、数字那么简单，它所包含的字符从几十、几百、几千起步，上不封顶，为了能方便地处理这些复杂的信息，引入了字符串的概念。字符串是指把多个字母、数字、符号组成的集合当作一个整体，表达某种信息。字符串是 Python 中常用的数据类型。在 Python 中，一般将一对双引号（""）或单引号（''）包含的内容称为字符串。

特别需要注意的是。

- 字符串的标志：一对双引号（""）或单引号（''）。
- 双引号中的内容一般是一些对编程人员或使用者有意义的信息，计算机只会原样显示。

```
例如：x=input("1、请输入一个字符串，please: ")
```

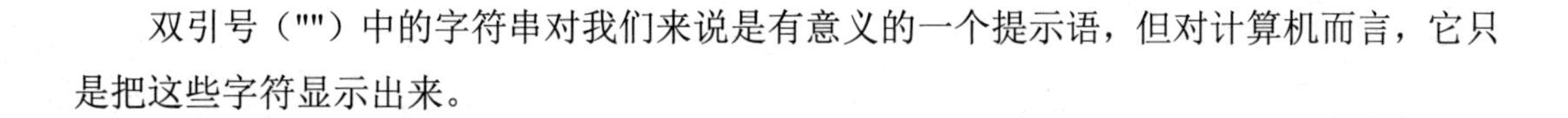

双引号（""）中的字符串对我们来说是有意义的一个提示语，但对计算机而言，它只是把这些字符显示出来。

1．字符串的输入

input()函数用于向用户生成一条提示，然后获取用户输入的内容。由于input()函数总会将用户输入的内容放入字符串中，因此用户可以输入任何内容。input()函数总是返回一个字符串。示例代码如下。

```
msg = input("请输入你的值：")
print (type(msg))
print(msg)
```

第一次运行该程序，我们输入一个整数，运行结果如下。

```
请输入你的值：2
<class 'str'>
2
```

第二次运行该程序，我们输入一个浮点数，运行结果如下。

```
请输入你的值： 1.2
<class 'str'>
1.2
```

第三次运行该程序，我们输入一个字符串，运行结果如下。

```
请输入你的值：Hello
<class 'str'>
Hello
```

从上面的运行结果可以看出，无论输入哪种内容，始终可以看到 input() 函数返回字符串，即程序总会将用户输入的内容转换为字符串。

2．字符串的输出

我们可以使用print()函数来输出字符串。示例代码如下。

```
msg='this is my first py program'
print(msg)
```

运行结果如下。

```
this is my first py program
```

6.1.2 字符与码值的转化

在发展的早期，计算机的中央处理器（CPU）最多只能处理 8 位二进制数，所以，那时的计算机只能处理 256 个字符。计算机所使用的编码表是 ASCII（美国信息交换标准代码）。它把键盘上的字母、数字、符号、控制符等全部用二进制编码表示出来。例如，大写字母 A 对应的二进制编码是 01000001，有了这张表以后，字母、数字都可以被转换成对应的二进制数，从而让计算机识别并处理。

统一码（Unicode）是一种在计算机上使用的字符编码，它于 1990 年开始研发，1994 年被正式公布。随着计算机功能的增强，统一码渐渐得到普及。随着多年的发展，2018 年 6 月 5 日公布的 Unicode 11.0.0 版本已经包含了 13 万个字符。

把单个字符转换成 ASCII 码值的函数是 ord()，它只能接收单个字符作为参数，否则会报错，该函数用于返回该字符的 Unicode 值。与 ord()相对的函数是 chr()，它只接收一个整数作为参数，用于返回相应的字符。

示例代码如下。

```
print(ord('a'))
print(chr(97))
```

运行结果如下。

```
97
a
```

6.1.3 编程思路

解密的过程是加密过程的逆运算。根据本项目加密的规则可知，输入密文以后，判定每一个位置的字符。如果是小写字母，将其向右偏移 2 位。如果是其他字符，则不用移动。我们可以得到如下流程。

① 输入密文。

② 如果判断处理完全部密文，则跳转到第⑥步。

③ 如果当前位置不是小写字母，将其直接复制到明文对应位置，跳转到第②步处理下一个字符。

④ 如果当前位置是小写字母“y”或“z”，将其替换成“a”和“b”后复制到明文对应位置，跳转到第②步处理下一个字符。

⑤ 将当前处理的字符的 ASCII 码值加上 2 后复制到明文对应位置，跳转到第②步处理下一个字符。

⑥ 输出明文。

绘制相应流程图，如图 6.1 所示。

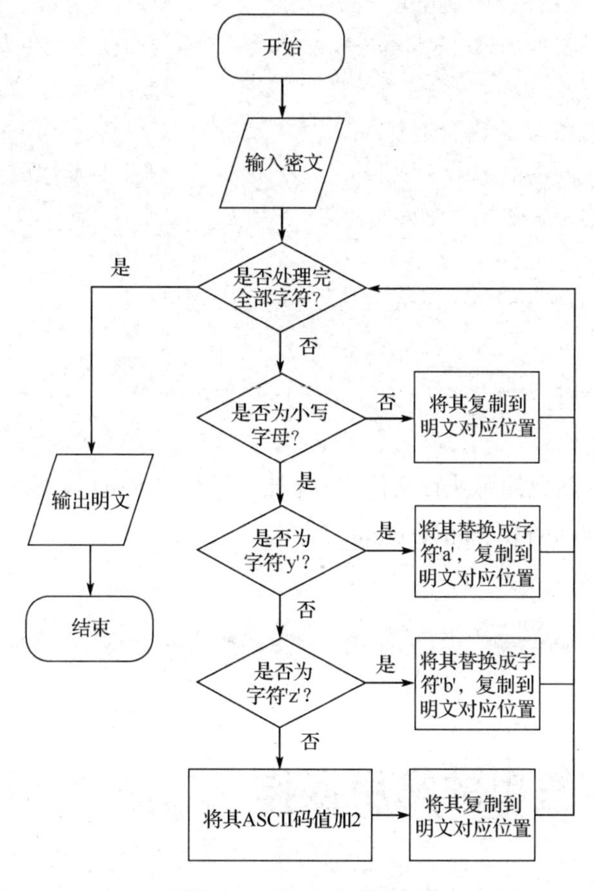

图 6.1　破译密文流程图

6.1.4　编程实现

在 Anaconda 环境中，启动 Jupyter Notebook，新建一个名为 MyNotebook 的文件夹，创建一个可执行文件，命名为“破译凯撒密码.ipynb”并保存。接下来开始编写 Python 代码，代码如下。

```
'''
作者：DaZhao
名称：“破译凯撒密码”示例程序
```

```
'''
#输入初始密文
ciphertext=input("请输入密文：")
#初始化明文为空
plaintext=''
for everychar in ciphertext:                    #依次遍历密文文档中的每个字符
    if everychar >='a' and everychar <='z':    #判断是否为小写字母
        if everychar=='y':                      #判断是否为小写字母“y”
            plaintext += 'a'
        elif everychar=='z':                    #判断是否为小写字母“z”
            plaintext += 'b'
        else:
            plaintext +=chr(ord(everychar)+2)
    else:
        plaintext +=everychar
print(plaintext)
```

将以上代码输入新建的可执行文件中，单击“运行”按钮后，输入密文“g fmnc uc ayl kccr yr qafmmj yr 6:00 lcvr qyrspbyw ctclgle.”。

运行结果如下。

```
i hope we can meet at school at 6:00 next saturday evening.
```

任务 2　字符串的常用操作

通过任务 1 的实操案例，我们对 Python 字符串类型有了一个初步的了解。接下来介绍一下字符串的常用操作和处理方法。

6.2.1　字符串的拼接与复制

1．拼接字符串

我们可以使用“+”或空格对多个字符串进行拼接。

语法格式如下。

```
str1 + str2
```

示例代码如下。

```
str1 = "aaa"
str2 = "bbb"
print(str1 + str2)
```

运行结果如下。

```
aaabbb
```

需要注意的是，字符串不允许直接与其他类型进行拼接，例如。

```
num = 100
str1 = "hello"
print(str1 + num)
```

这样是错误的，针对上面这种情况，我们可以先将 num 转换为字符串，再进行拼接。示例代码如下。

```
num = 100
str1 = "hello"
print(str1 + str(num))
```

运行结果如下。

```
hello100
```

2. 字符串的复制输出

语法格式如下。

```
str*数字（表示这个字符串复制几次）
```

示例代码如下。

```
str1 = "学习"
print(str1 *2)
```

运行结果如下。

```
学习学习
```

需要注意的是，*后面是一个整数，如果使用 input()函数来完成，则需要转成 Int 类型。示例代码如下。

```
num=int(input("请输入次数："))
str1 = '''宝剑锋从磨砺出，梅花香自苦寒来 '''
print(str1 * num)
```

运行结果如下。

```
请输入次数：2
宝剑锋从磨砺出，梅花香自苦寒来 宝剑锋从磨砺出，梅花香自苦寒来
```

6.2.2 字符串的检索与引用

截取字符串的语法格式如下。

```
string[start : end : step]
```

参数说明如下。

- string：表示要截取的字符串。
- start：表示要截取的第一个字符的索引（包括该字符），如果不指定，则默认为 0。
- end：表示要截取的最后一个字符的索引（不包括该字符），如果不指定，则默认为字符串的长度。
- step：表示切片的步长，如果省略，则默认为 1，当省略该步长时，最后一个冒号也可以省略。

需要注意的是，字符串的索引值编号有两种方案：正向索引和反向索引。正向索引的左边第一个字符的索引值为 0，0 的右边依次是 1、2、3、4……。反向索引的右边第一个字符的索引值是-1，-1 的左边依次是-2、-3、-4……。

假设字符串 str=“我最喜欢编程！”，str 的索引值编号如表 6.1 所示。

表 6.1　str 的索引值编号

字符串	我	最	喜	欢	编	程	！
正向索引	0	1	2	3	4	5	6
反向索引	-7	-6	-5	-4	-3	-2	-1

根据字符串的截取规则，假设字符串 str=“我是一个可爱的字符串！”，用 str[m:n:k]对字符串进行切片操作，观察运行结果，如表 6.2 所示。

表 6.2　运行结果

运算	示例	说明
str[m]	str[1]="是";str[-1]="!"	获取 str 中索引值为 m 的字符

续表

运算	示例	说明
str[m:n]	str[7:10]=str[-4:-1}="字符串"	获取 str 中索引值从 m 到 n-1 的字符
str[m:]	st[4:]="可爱的字符串!"	获取 str 中索引值从 m 到结尾的字符
str[:n]	str[:4]="我是一个"	获取 str 中从开始到索引值为 n-1 的字符
str[:]	str[:]="我是一个可爱的字符串!"	获取 str 中原本所有字符
str[::-1]	st[::-1]="!串符字的爱可个一是我"	将 str 中的字符逆序
str[m:n:k]	str[1:10:2]="是个爱字串" str[1:10:-2]=""(空字符串) str[10:1:-2]="!符的可一" str[10:1:2]=""(空字符串)	从索引值 m 开始，每隔 k-1 个字符获取一个，直到索引值为 n-1 时结束（k 为正，正向索引；k 为负，反向索引）

示例代码如下。

```
str1 = "hello world!"
print(str1[1])        #截取第 2 个字符
print(str1[2:])       #从第 3 个字符开始截取
print(str1[:4])       #从开始处截取到第 4 个字符
print(str1[1:5])      #截取第 2 个到第 5 个字符
print(str1[-1])       #截取最后一个字符
print(str1[2:-2])     #截取第 3 个到倒数第 2 个字符
```

运行结果如下。

```
e
llo world!
hell
ello
!
llo worl
```

6.2.3　字符串相关函数

在 Python 中，字符串相关的函数非常多，其功能也很丰富。在实际使用过程中，大家需要熟悉不同函数的语法规范与功能，如表 6.3 所示。

表 6.3　不同函数的语法规范与功能

1．查询操作			
函数	语法格式	说明	示例
count()	str.count(sub[, start[, end]])	用于检索指定字符串在另一个字符串中出现的次数。如果检索的字符串不存在，则返回 0，否则返回出现的次数	示例代码： str1 = "hello world" print(str1.count('o')) 运行结果： 2
find()	str.find(sub[, start[, end]])	从左边检索是否包含指定的字符串。如果检索的字符串不存在，则返回 -1，否则返回首次出现该字符串时的索引	示例代码： str1 = "hello world" print(str1.find('wo')) print(str1.find('m')) 运行结果： 6 -1
rfind()	str.rfind(sub[, start[, end]])	从右边检索是否包含指定的字符串，如果检索的字符串不存在，则返回-1，否则返回首次出现该字符串时的索引	示例代码： str1 = "hello world" print(str1.rfind('wo')) print(str1.rfind('m')) 运行结果： 6 -1
index()	str.index(sub[, start[, end]])	此函数的功能与 find() 函数的功能类似，也用于检索是否包含指定的字符串，两者的区别在于，使用 index()函数，当指定的字符串不存在时会抛出异常	示例代码： str1 = "hello world" print(str1.index('wo')) print(str1.index('m')) 运行结果： 6 结果报错
2．字符转化操作			
函数	语法格式	说明	示例
lower()	str.lower()	将字符串中的大写字母转换为小写字母	示例代码： str1 = "Hello World!" print(str1.lower()) 运行结果： hello world!

续表

2．字符转化操作			
函数	语法格式	说明	示例
casefold()	str.casefold()	此函数的功能与lower()函数的功能类似，用于将字符串中所有大写字母转换为小写字母，支持各种语言，但是casefold()函数的功能更强大	示例代码： str1 = "Hello World!" print(str1.casefold()) 运行结果： hello world!
upper()	str.upper()	将字符串中的小写字母转换为大写字母	示例代码： str1 = "Hello World!" print(str1.upper()) 运行结果： HELLO WORLD!
swapcase()	str.swapcase()	将字符串中的大写字母转换为小写字母，小写字母转换为大写字母	示例代码： str1 = "Hello World!" print(str1.swapcase()) 运行结果： hELLO wORLD!
title()	str.title()	将字符串中每个单词首字母大写，其余字母小写（区分单词以空格区分）	示例代码： str1 = "hello" str2 = "hello world!" print(str1.title()) print(str2.title()) 运行结果： Hello Hello World!
capitalize()	str.capitalize()	将字符串第一个单词首字母大写，其余字母小写	示例代码： str1 = "HELLO" str2 = "HELLO WORLD!" print(str1.capitalize()) print(str2.capitalize()) 运行结果： Hello Hello world!

续表

3．格式转化操作			
函数	语法格式	说明	示例
strip()	str.strip([chars])	去除字符串前后（左右侧）的空格或特殊字符	示例代码： str1 = " hello world! " str2 = "#hello world#@#" str3 = "@hello world!@." print(str1.strip()) print(str2.strip('#')) print(str3.strip('@.')) 运行结果： hello world! hello world#@ hello world!
lstrip()	str.lstrip([chars])	去除字符串前面（左侧）的空格或特殊字符	示例代码： str1 = " hello world! " str2 = "#hello world#@#" str3 = "@hello world!@." print(str1.lstrip()) print(str2.lstrip('#')) print(str3.lstrip('@.')) 运行结果： hello world! hello world#@# hello world!@.
rstrip()	str.rstrip([chars])	去除字符串后面（右侧）的空格或特殊字符	示例代码： str1 = " hello world! " str2 = "#hello world#@#" str3 = "@hello world!@." print(str1.rstrip()) print(str2.rstrip('#')) print(str3.rstrip('@.')) 运行结果： hello world! #hello world#@ @hello world!

续表

3．格式转化操作			
函数	语法格式	说明	示例
ljust()	str.ljust (len,str)	使用指定字符在原始字符串右侧补充到长度为指定值。如果使用多个字符组成的字符串，将报错	示例代码： str1 = "HELLO" print(str1.ljust(10,"6")) print(str1.ljust(3,"6")) print(str1.ljust(10,"66")) 运行结果： HELLO66666 HELLO 结果报错
rjust()	str.rjust(len,str)	使用指定字符在原始字符串左侧补充到长度为指定值。如果使用多个字符组成的字符串，将报错	示例代码： str1 = "HELLO" print(str1.rjust(10,"6")) print(str1.rjust(3,"6")) print(str1.rjust(10,"66")) 运行结果： 66666HELLO HELLO 结果报错
center()	str.center(len,str)	使用指定字符在原始字符串两侧补充到长度为指定值，当无法使左、右字符数相等，且字符串字符数为奇数时，左侧字符会比右侧字符少 1 个；当字符串字符数为偶数时，左侧字符会比右侧字符多 1 个。如果使用多个字符组成的字符串，将报错	示例代码： str1 = "HELLO" print(str1.center(10,"6")) print(str1.center(7,"6")) print(str1.center(10,"66")) 运行结果： 66HELLO666 6HELLO6 结果报错
zfill()	str.zfill(len)	使用 0 在原始字符串左侧补充到长度为指定值，小数点占 1 位	示例代码： str1 = "3.14" print(str1.zfill(10)) print(str1.zfill(5)) 运行结果： 0000003.14 03.14

续表

4．状态获取操作			
函数	语法格式	说明	示例
startswith()	str.startswith(prefix[,start[,end]])	检索字符串是否以指定的字符串开头。如果是，则返回 True，否则返回 False	示例代码： str1 = "hello world" print(str1.startswith('hello')) print(str1.startswith('m')) 运行结果： True False
endswith()	str.endswith(prefix[,start[,end]])	检索字符串是否以指定的字符串结尾。如果是，则返回 True，否则返回 False	示例代码： str1 = "hello world" print(str1.endswith('world')) print(str1.endswith('m')) 运行结果： True False
islower()	str.islower()	判断字符串是否全部由小写字母组成。如果是，则返回 True，否则返回 False	示例代码： str1 = "hello world" str2 = "Hello world" print(str1.islower()) print(str2.islower()) 运行结果： True False
isupper()	str.isupper()	判断字符串是否全部由大写字母组成。如果是，则返回 True，否则返回 False	示例代码： str1 = "HELLO WORLD" str2 = "Hello world" print(str1.isupper()) print(str2.isupper()) 运行结果： True False

续表

4．状态获取操作			
函数	语法格式	说明	示例
isdigit()	str.isdigit()	判断字符串是否由纯数字组成。如果是，则返回 True，否则返回 False	示例代码： str1 = "314" str2 = "3.14" print(str1.isdigit()) print(str2.isdigit()) 运行结果： True False
isalpha()	str.isalpha()	判断字符串是否由纯字母组成。如果是，则返回 True，否则返回 False	示例代码： str1 = "helloworld" str2 = "hello world" print(str1.isalpha()) print(str2.isalpha()) 运行结果： True False
isalnum()	str.isalnum()	判断字符串是否由纯数字和字母组成。如果是，则返回 True，否则返回 False	示例代码： str1 = "helloworld" str2 = "hello world" print(str1.isalnum()) print(str2.isalnum()) 运行结果： True False
istitle()	str.istitle()	判断字符串是否满足单词首字母大写。如果是，则返回 True，否则返回 False	示例代码： str1 = "Hello World" str2 = "HELLO world" print(str1.istitle()) print(str2.istitle()) 运行结果： True False

续表

5. 拆分操作			
函数	语法格式	说明	示例
partition()	str.partition(str)	从字符串左侧查找到参数后，将参数左侧、参数、参数右侧的 3 个字符串组成元组并返回	示例代码： str1 = "Hello World" print(str1.partition("o")) print(str1.partition("d")) print(str1.partition("m")) 运行结果： ('Hell', 'o', ' World') ('Hello Worl', 'd', '') ('Hello World', '', '')
rpartition()	str.rpartition(str)	从字符串右侧查找到参数后，将参数左侧、参数、参数右侧的 3 个字符串组成元组并返回	示例代码： str1 = "Hello World" print(str1.rpartition("o")) print(str1.rpartition("d")) print(str1.rpartition("m")) 运行结果： ('Hello W', 'o', 'rld') ('Hello Worl', 'd', '') ('', '', 'Hello World')

split()	str.split(str)	使用参数作为分割线，将原始字符串拆分成若干个字符串并组织成列表返回	示例代码：
			str1 = "i am a good boy!"
			#采用默认分割符进行分割
			print(str1.split())
			#采用空格进行分割
			print(str1.split(" "))
			#采用空格进行分割，并且只分割前 3 个
			print(str1.split(" ", 3))
			运行结果：
			['i', 'am', 'a', 'good', 'boy!']
			['i', 'am', 'a', 'good', 'boy!']
			['i', 'am', 'a', 'good boy!']

续表

5．拆分操作			
函数	语法格式	说明	示例
splitlines ()	str.splitlines ()	使用换行符作为分割线，将原始字符串拆分成若干个字符串并组织成列表返回	示例代码： str1 = "Hello\nWorld" str2 = "hello" print(str1.splitlines()) print(str2.splitlines()) 运行结果： ['Hello', 'World'] ['hello']
6．其他操作			
函数	语法格式	说明	示例
join()	str.join(str1)	将字符 str 连接在 str1 中每一个字符之间	示例代码： str1="hello!" str="-" print(str.join(str1)) 运行结果： h-e-l-l-o-!

len()	len(str)	返回字符串、列表、字典、元组等长度	示例代码：
			str1 = " hello world! "
			str2 = ['h','e','l','l','o']
			str3 = {'num':123,'name':"doiido"}
			str4=('G','o','o','d')
			print(len(str1))#计算字符串的长度
			print(len(str2))#计算列表的元素个数
			#计算字典的总长度（即“键-值”对总数）
			print(len(str3))
			print(len(str4))#计算元组的元素个数
			运行结果：
			14
			5
			2
			4

replace()	str.replace(old_str,new_str,num)	使用新字符串替换原始字符串中的指定字符串信息	示例代码： str1 = "Hello World" print(str1.replace("H","h")) 运行结果： hello World

任务 3 学习转义字符

转义字符（Escaping Character）是一种非常重要的字符，用于完成某种特定功能，用一个反斜杠（\）来表示。它本身不被当成字符，如果要想在字符串中含有反斜杠，则需要写为“\\”。接下来介绍一些常见的转义字符及其含义。

示例代码如下。

```
print('hello\nworld')          #\n 是 -->newline 的首字母，表示换行
print("hello\tworld")          #\t 是 -->tab 的首字母，表示制表符
print('hellooo\tworld')        #\t 是 -->tab 的首字母，表示制表符
print('hello\rworld')          #\r 是 -->return 的首字母，表示回车
print('hello\bworld')          #\b 是 -->backspace 的首字母，表示退一个格
```

运行结果如下。

```
hello
world
Hello  world
hellooo     world
world
hellworld
```

从上述示例可以看出，当程序运行且遇到\n、\t、\r、\b 等转义字符时，程序并不会直接输出这些字符，而是去执行了一些动作，这些动作就是转义字符的功能。

通过仔细观察，我们发现 print('hello\tworld') 和 print('hellooo\tworld') 输出的制表符位数不一样。前者的“\t”占用了 3 个位置，而后者的“\t”占用了 4 个位置。这里主要是因为制表符空出的位置与前一个模块所占位置有很大的关系。制表符本来是占用 4 个位置的，如表 6.4 所示。

表 6.4 制表符位数

\t				\t				\t				\t					
h	e	l	l	o				w	o	r	l	d					
h	e	l	l	o	o	o	o					w	o	r	l	d	

如果不想要字符串中的转义字符起作用，就使用原字符，即在字符串之前加上 r 或 R。

示例代码如下。

```
print(r'hello\nworld')
print(R"hello\tworld")
```

运行结果如下。

```
hello\nworld
hello\tworld
```

常见的转义字符如表 6.5 所示。

表 6.5　常见的转义字符

转义符	说明
\（在行尾时）	续行符
\\	反斜杠符号
\'	单引号
\"	双引号
\a	响铃
\b	退格（Backspace）
\e	转义
\000	空
\n	换行
\v	纵向制表符
\t	横向制表符
\r	回车
\f	换页
\oyy	1～3 位八进制数，y 代表 0～7 的字符。例如，\012 代表换行
\xyy	1～2 位十六进制数，以“\x”开头，yy 代表字符。例如，\x0a 代表换行
\other	其他的字符以普通格式输出

项目考核

一、温故知新

请阅读以下代码，写出运行结果。

```
str1 = "我要学 Python"
print(str1[-1])          输出：______________________
print(str1*3)            输出：______________________
print(str1[1:3])         输出：______________________
print(str1[::-1])        输出：______________________
print(str1[:])           输出：______________________
print(str1[1:6:2])       输出：______________________
```

二、小试牛刀

1．本程序的功能是删除字符串中的所有空格，请用两种方法实现这个功能，完善以下代码。

方法一：

```
s = "  sfafas  asfasf   afasf saf   asfasf a  asf asa"
ss = ____________
print(ss)
```

方法二：

```
s = "  sfafas  asfasf   afasf saf   asfasf a  asf asa"
ss = ____________
print(ss)
```

2．本程序的功能是输出所有奇数位上的字符（下标是 1，3，5，7……位上的字符），完善以下代码。

```
str1 = 'abcd1234'
print(______________)
```

3．学期考试根据评价等级判断学生是否优秀。如果该学生 5 次评价等级没有出现过 C，并且连续出现过 3 次 A，则为“优秀”。例如，ABABC 为“不优秀”，AAABB 为“优秀”，CAAAB 为“不优秀”。完善以下代码。

```
name=input("请输入姓名：")
s=input('请输入你的 5 次评价等级：')
ss=____________              #将字符串 s 转换为大写字母
```

```
m=______________                    #查询'AAA'在字符串 ss 中的索引值
n=ss.find('C')
if (ss.count('A')+ss.count('B')+ss.count('C')==5):
    if(________________):   #判断是否含有'AAA'且不含'℃
        print(name+'表现优秀!')
    else:
        print(name+'需要努力!')
else:
    print('请正确输入 5 个 ABC 等级!')
```

三、举一反三

1．输入一个不包含空白符的字符串，请判断是否是 C 语言合法的标识符（注意，要保证这些字符串一定不是 C 语言的保留字）。如果它是 C 语言的合法标识符，则输出 yes，否则输出 no。

C 语言标识符要求如下。

- 非保留字。
- 只包含字母、数字及下画线（_）。
- 不以数字开头。

2．高考作文中不允许出现姓名、地名、学校等敏感词汇。编写程序，用于过滤敏感词汇。例如“阳阳”或“前进中学”等。首先用户输入一段文字，程序识别到敏感词汇会用“***”来代替（提示，可用 replace()函数来替换）。敏感词汇由用户自己创建。

3．输入一个数，判断这个数是不是回文数（设 *n* 是任意一个自然数。如果将 *n* 的各位数字反向排列后，得到的自然数 *n*1 与原自然数 *n* 相等，则称 *n* 为回文数），如果是，则输出 True，否则输出 False。

项目 7

绘制城市经济热力图

项目介绍

本项目主要介绍常用的 Python 工具库——numpy 库的使用方法，并以绘制城市经济热力图为引，带领大家熟悉 numpy 库的实践及人工智能应用。

热力图（Heat Map）也被称为热图、热点图，它通过密度函数进行可视化，用于表示地图中点的密度。作为一种密度图，热力图一般通过颜色差异来呈现数据效果，热力图中亮色一般代表事件发生频率较高或事物分布密度较大，暗色反之。值得一提的是，热力图的最终效果常常优于离散点的直接显示，可以在二维平面或地图上直观地展现空间数据的疏密程度或频率高低。热力图的应用非常广泛，在产品的交互设计越来越重要的今天，热力图的地位也越来越不可替代。

任务安排

任务 1　任务解析与实现。

任务 2　numpy 库的入门。

任务 3　numpy 库的进阶与实践。

学习目标

✧ 完成项目 7 实战。
✧ 了解 numpy 库的概念。
✧ 了解 numpy 库的常用函数。

任务 1　任务解析与实现

给定一份 2017 年中国 100 个主要城市的经济、人口和地理信息数据，用 Python 编写一个程序，绘制城市经济热力图。

绘制城市经济热力图一般遵循以下 3 个原则。

- 某个位置上数据点的权重越大，显示越显著，在视觉上形成一个从中心向外灰度渐变的圆。
- 数据点利用灰度叠加原理相互叠加，每个像素点均需计算数据点叠加后的灰度值。圆半径属性主要表示数据点的影响范围，起缓冲作用，一般为了便于处理，所有圆半径均相同，只以权重不同分辨。
- 根据灰度值在彩色色带中进行颜色映射，对图像进行着色，从而最终得到热力图。

7.1.1　任务解析

结合上述热力图的基本概念，不难想到其绘制过程需要依赖城市经济的数据。现提供中国 100 个城市的经济、人口及地理信息以供完成本任务，总体代码设计思路如下。

- 使用 numpy 库从数据文件“GDP.xls”中读取 100 个城市的经济、人口及地理信息，以各个城市的人均 GDP 数据为权重，生成热力数据。
- 使用 folium 库绘制中国地图。
- 将热力数据粘贴到地图上，并导出地图文件。

numpy 库是本任务的核心知识，将在后面重点介绍。folium 库是 Python 中功能强大的数据可视化库，主要用于将地理空间数据可视化。使用 folium 库，只需要知道纬度和经度信息，就可以创建世界上任何位置的地图。此外，使用 folium 库创建的地图是可交互的，因此用户可以对地图进行放大、缩小等有关的操作。用户可以使用 pip install folium 命令来安装 folium 库。

7.1.2 任务实现

在 Anaconda 环境中，启动 Jupyter Notebook 工具，新建一个文件夹，将文件名设置为“绘制城市经济热力图.ipynb”并保存。接下来开始编写 Python 代码，代码如下。

```
'''
作者：DaZhao
名称：“绘制城市经济热力图”示例程序
'''

import numpy as np
import pandas as pd
import folium
from folium.plugins import HeatMap
import webbrowser

data = pd.read_excel(r"GDP.xls") # 使用 pandas 库读入待处理的 Excel 文件
cityNum = 100 # 共分析 100 个城市
lat = np.array(data["LAT"][0:cityNum]) # 获取纬度值
lon = np.array(data["LON"][0:cityNum]) # 获取经度值
# 获取人口数，转化为浮点型
pop = np.array(data["POP"][0:cityNum], dtype=float)
gdp = np.array(data["GDP"][0:cityNum], dtype=float) # 获取 GDP，转化为浮点型
# 获取人均 GDP，转化为浮点型
gdpAverage = np.array(data["GDP_Average"][0:cityNum],dtype=float)

# 将数据制作成[纬度、经度、权重]的形式
data = [[lat[i], lon[i], gdpAverage[i]] for i in range(cityNum)]
# 生成地图数据，初始缩放程度为 6 倍
mapData = folium.Map(location=[35, 110], zoom_start=6)
# 将热力图添加到地图中
HeatMap(data).add_to(mapData)
# 将结果保存为 html（网页）文件
filePath = r"result.html"
```

```
mapData.save(filePath)
# 使用默认浏览器打开网页
webbrowser.open(filePath)
```

此时大家就会看到所生成的 html 格式文件，城市经济热力图跃然纸上，并且能够进行放大、缩小等操作。

任务 2 numpy 库的入门

7.2.1 numpy 库的基础和使用

上述的任务实战使用到了 numpy 库。Python 中的 numpy 库是专用于进行科学计算的工具库，其优势在于能够以极高的效率处理庞大的多维数组和矩阵。

看到这里可能大家心中也会有个疑问，即 Python 中已经提供了非常丰富的工具，如列表、集合等容器器及强大的 math 数学库，为什么还需要学习 numpy 等工具库呢？首先，因为 numpy 库具有高性能，并且很多功能都是直接用 C 语言实现的，这就使得我们在使用 numpy 库进行科学计算时，性能会比直接使用 Python 好很多。然后，numpy 库提供了多维的数组对象，具备极强的矢量运算功能。熟悉线性代数的读者知道，在线性代数中有非常多的关于矩阵的计算，如矩阵乘法、矩阵转置等。如果要在 Python 中实现这些计算，则有很多功能需要自己来开发，而 numpy 库本身就提供了这样的功能，这可以使开发效率得到提高。

1. 创建和使用

```
# 在 Python 程序中导入 numpy 模块：
# 导入 numpy 模块
import numpy as np  # 推荐使用，给模块起别名
# 等价于
from numpy import *
```

通过以上代码便可以将 numpy 模块导入。我们还需要进一步了解 numpy.array 是什么。经过学习前文，大家知道了 Python 是没有数组对象的，一般都是用列表 List 序列类型替代数组。但 numpy 模块提供了 ndarray 类型对象，这弥补了 Python 中没有数组的问题，同时提供了二维数组与多维数组（一般用到三维数组）的创建及各种矢量运算 API。ndarray 类型简化了各种复杂的数组矢量计算问题。下面介绍创建与使用 numpy 数组的方法。

创建 numpy 数组的语法格式如下。

```
一维数组对象 = np.array(一维度值 [, dtype 类型])
二维数组对象 = np.array((一维度值,二维度值) [, dtype 类型] )
三维数组对象 = np.array((一维度值,二维度值,三维度值) [, dtype 类型] )
```

大家还需要知道，多维数组的矢量计算是科学计算和数据分析的基础操作，几乎所有的数据分析计算都是基于多维数组（以二维数组居多）的计算的。下面通过举例来说明如何创建以上 3 种数组对象。

创建数组最简单的方法就是使用 array()函数，它能接收一切序列类型对象（包括其他数组），并产生一个新的含有传入数据的 numpy 数组（即 ndarray 对象）。示例代码如下。

```
# 创建一个列表对象 data1
data1 = [6, 7.5, 8, 0, 1]
print(type(data1))

# 创建 ndarray 对象（numpy 数组）
arr1 = np.array(data1)
print(type(arr1))
# 输出数组
print('arr1 数组: ', arr1 )
```

运行结果如下。

```
<class 'list'>
<class 'numpy.ndarray'>
arr1 数组: [6.  7.5 8.  0.  1. ]
```

可以看出，data1 是列表类型，arr1 是 ndarray 数组类型，同时可以采用 array()函数便捷地将列表直接转化为数组。因此使用序列类型列表创建 ndarray 类型是 numpy 模块中创建数组的常用方法，也是最简单快捷的一种方法。

下面再来看一看多维数组的创建。

- 多维数组类型是科学计算和数据分析主要使用的基础类型。
- 多维数组常指一维以上的数组，一般最多是三维数组。
- 在实际开发中，经常使用嵌套列表作为参数快速转换多维数组（仍然使用 array()函数）。

```
# 创建一个列表对象 data2
data2 = [[1,2,3,4], [5,6,7,8]]
```

```
# 创建ndarray对象（numpy数组）
arr2 = np.array(data2)

# 输出数组
print('arr2 二维数组：\n', arr2)
```

运行结果如下。

```
arr2 二维数组：
 [[1 2 3 4]
 [5 6 7 8]]
```

除了可以利用列表序列类型创建数组，我们还可以使用 zeros()函数和 ones()函数快速创建全 0 数组或全 1 数组，在创建过程中指定长度和维度；也可以使用 empty()函数创建没有任何具体值的数组。示例代码如下。

```
# 使用 arange()创建 numpy 数组
arr = np.arange(1,101)
# 输出数组，得到不包含终值的数组
print('arr 数组：\n', arr)
```

运行结果如下。

```
arr 数组：
 [  1   2   3   4   5   6   7   8   9  10  11  12  13  14  15  16  17  18
  19  20  21  22  23  24  25  26  27  28  29  30  31  32  33  34  35  36
  37  38  39  40  41  42  43  44  45  46  47  48  49  50  51  52  53  54
  55  56  57  58  59  60  61  62  63  64  65  66  67  68  69  70  71  72
  73  74  75  76  77  78  79  80  81  82  83  84  85  86  87  88  89  90
  91  92  93  94  95  96  97  98  99 100]
```

可以看到，使用 arange()函数创建的数组是不包含终值的。参数的个数不同，该函数的使用方法也略有不同，一般 arange()函数分为一个参数、两个参数、三个参数的情况。

- 一个参数：参数值为终点，起点取默认值 0，步长取默认值 1。
- 两个参数：第一个参数为起点，第二个参数为终点，步长取默认值 1。
- 三个参数：第一个参数为起点，第二个参数为终点，第三个参数为步长。其中步长支持小数。

创建全 0 一维数组和全 1 二维数组的示例代码如下。

```
# 使用 zeros()函数创建全 0 一维数组
# 创建名为 arr_zeros 的全 0 一维数组
```

```
arr_zeros = np.zeros(10)

# 输出数组
print('arr_zeros 数组：', arr_zeros)
```

运行结果如下。

```
arr_zeros 数组： [0. 0. 0. 0. 0. 0. 0. 0. 0. 0.]
```

```
# 使用 ones()函数创建全 1 二维数组
# 创建名为 arr_ones 的全 1 二维数组
arr_ones = np.ones((3, 6)) # 3 行 6 列

# 输出数组
print('arr_ones 数组：\n', arr_ones)
```

运行结果如下。

```
arr_ones 数组：
 [[1. 1. 1. 1. 1. 1.]
 [1. 1. 1. 1. 1. 1.]
 [1. 1. 1. 1. 1. 1.]]
```

2. list 与 array

上面介绍了如何创建和使用 numpy 数组，其中涉及 list 对象和 array 对象的互相转换，因此需要了解 list 与 array 之间的区别。

- numpy 数组专门针对数组的操作和运算进行了设计，所以数组的存储效率和输入/输出性能远优于 Python 中的嵌套列表，数组越大，numpy 数组的优势就越明显。通常 numpy 数组中的所有元素的类型都是相同的，而 Python 列表中的元素类型是任意的，所以在通用性能方面，numpy 数组不及 Python 列表，但在科学计算中，numpy 数组可以省略很多循环语句，在代码使用方面比 Python 列表简单得多。
- 在 list 中的数据类型保存的是数据的存放地址，简单来说就是指针，并非数据，这样保存一个 list 就太麻烦了。例如，list1=[1,2,3,'a']需要 4 个指针和 4 个数据，增加了存储的同时也会消耗 CPU。
- 大多数 array 的操作都是 elementwise 级别的，即对每个元素进行单独处理，而不是视为一个整体再处理。示例代码如下。

```
# 将 list 转换为 numpy 的 array
```

```
lista = [1,3,6,7,8,13]
a = np.array(lista)
print('a 的值为：',a)
print('a 的类型为：',type(a))
```

运行结果如下。

```
a 的值为： [ 1  3  6  7  8  13]
a 的类型为： <class 'numpy.ndarray'>
```

示例代码如下。

```
#将 numpy 的 array 转换为 list
lista = a.tolist()
print('lista 的值为：',lista)
print('lista 的类型为：',type(lista))
```

运行结果如下。

```
lista 的值为： [1, 3, 6, 7, 8, 13]
lista 的类型为： <class 'list'>
```

7.2.2　数据类型

1．ndarray 数据维度和类型

学习和使用 numpy 数组对象需要理解数组维度信息。numpy 最重要的一个特点就是其 *N* 维数组对象 ndarray。该对象是一个快速而灵活的大数据容器，可以利用这种数组对整块数据进行一些数学矢量计算。同时，ndarray 是一个通用的同构数据多维容器，其中的所有元素应尽量是相同类型的数据（也可以不同，相同是为了更好地进行数据计算）。

每个数组都有一个 shape 和 dtype。

- shape：一个表示各维度大小的元组。
- dtype：一个用于说明数组数据类型的对象。

以多维数组为例，我们利用 shape 和 dtype 进行数组内部信息的挖掘和探索。查看多维数组信息的示例代码如下。

```
# 创建一个列表对象 data2
data2 = [[1,2,3,4], [5,6,7,8]]

# 创建 ndarray 对象（numpy 数组）
```

```
arr2 = np.array(data2)

# 输出 arr2 数组的维度及数组类型
# 输出数组维数
print('arr2 的维度：', arr2.shape)
# 输出数组类型
print('arr2 的数组类型：', arr2.dtype)
```

运行结果如下。

```
arr2 的维度： (2, 4)
arr2 的数组类型： int32
```

通过前文了解到，ndarray 对象（即 numpy 数组）中的元素类型可以一致，也可以不一致。但是如果在创建 ndarray 对象时使用了 dtype，则数组对象中的元素类型必须一致，否则会报错。示例代码如下。

```
data3 = [[1,'a',3,4], [5,'b',7,8]]
arr3 = np.array(data3)
# 输出数组类型
print('arr3 的数组类型：', arr3.dtype)
```

运行结果如下。

```
arr3 的数组类型： <U11
```

示例代码如下。

```
# 创建 numpy 数组
arr = np.array(['a','b','c'], dtype = np.int64)
```

运行结果如下。

```
#报错：ValueError: invalid literal for int() with base 10: 'a'
```

根据上述示例可以看到，在创建 ndarray 对象时，如果使用了 dtype，则数组对象中的元素类型必须一致，否则会报错。因此还需要了解 ndarray 常用的数据类型包括哪些。Python 本身支持的数据类型有 int（整型，long 长整型）、float（浮点型）、bool（布尔型）和 complex（复数型）。而 numpy 支持比 Python 本身更为丰富的数据类型，细分如下。

- bool：布尔类型，1 个字节，值为 True 或 False。
- int：整数类型，通常为 int64 或 int32。
- intc：与 C 语言中的 int 相同，通常为 int32 或 int64。
- intp：用于索引，通常为 int32 或 int64。

- int8：字节（从-128 到 127）。
- int16：整数（从-32768 到 32767）。
- int32：整数（从-2147483648 到 2147483647）。
- int64：整数（从-9223372036854775808 到 9223372036854775807）。
- uint8：无符号整数（从 0 到 255）。
- uint16：无符号整数（从 0 到 65535）。
- uint32：无符号整数（从 0 到 4294967295）。
- uint64：无符号整数（从 0 到 18446744073709551615）。
- float：float64 格式的简写。
- float16：半精度浮点数，5 位指数，10 位尾数。
- float32：单精度浮点数，8 位指数，23 位尾数。
- float64：双精度浮点数，11 位指数，52 位尾数。
- complex：复数，complex128 格式的简写。
- complex64：复数，由两个 32 位浮点数表示。
- complex128：复数，由两个 64 位浮点数表示。

在实际应用中，经常需要进行数据类型的转换，我们可以使用 astype()函数显式地进行 ndarray 对象类型 dtype 的转换。示例代码如下。

```
# 创建一个整型数组
arr1 = np.array(['1', '2', '3', '4', '5', '6'])

# 输出数组并显示数组类型
print('arr1 数组：', arr1)
print('arr1 数组类型 dtype：', arr1.dtype)
```

运行结果如下。

```
arr1 数组： ['1' '2' '3' '4' '5' '6']
arr1 数组类型 dtype： <U1
```

示例代码如下。

```
# 将 ndarray 的字符数字转换为浮点型 float64
arr1_float = arr1.astype(np.float64)
print('arr1_float 数组：', arr1_float)
```

```
print('arr1_float 数组类型 dtype：', arr1_float.dtype)
```

运行结果如下。

```
arr1_float 数组： [1. 2. 3. 4. 5. 6.]
arr1_float 数组类型 dtype： float64
```

根据上述示例可以看到，通过 astype()函数能够将字符数字转换为浮点型 float64，如果将浮点数转换为整数，则小数部分将会被截断。如果某字符串类型的数组元素都为字符数字，则也可以利用 astype()函数转换为数值形式。如果转换过程中出现错误导致不能完成转换，则会引发一个 TypeError 错误。

由于数组有不同的维度，因此在实际应用中会涉及数组的维度变化。使用 reshape(a, newshape, order='C')函数可以进行数组重塑。示例代码如下。

```
arr1 = np.arange(8)
print('arr1:\n', arr1)
arr2 = arr1.reshape(4,2)
print('arr2:\n', arr2)
```

运行结果如下。

```
arr1:
 [0 1 2 3 4 5 6 7]
arr2:
 [[0 1]
 [2 3]
 [4 5]
 [6 7]]
```

reshape()函数的其中一个参数可以设置为-1，表示数组的维度可以通过数据本身来推断。示例代码如下。

```
arr1 = np.arange(12)
print('arr1:\n', arr1)
arr2 = arr1.reshape(2,-1)
print('arr2:\n', arr2)
```

运行结果如下。

```
arr1:
 [ 0  1  2  3  4  5  6  7  8  9 10 11]
arr2:
```

```
[[ 0  1  2  3  4  5]
 [ 6  7  8  9 10 11]]
```

2. numpy 随机数

在 numpy 库中，常使用 np.random.rand()函数、np.random.randn()函数和 np.random.randint()函数。关于 np.random.randn()函数，其作用是返回一个或一组服从标准正态分布的随机样本值，具体说明如下。

- 当函数括号内没有参数时，返回一个浮点数。
- 当函数括号内有一个参数时，返回秩为 1 的数组，不能表示向量和矩阵。
- 当函数括号内有两个及两个以上的参数时，返回对应维度的数组，能表示向量或矩阵。np.random.randn()函数中的参数通常为整数，但是如果为浮点数，则会自动直接截断并转换为整数。

示例代码如下。

```
#生成随机数
import numpy as np
print(np.random.randn())
print(np.random.randn(3))
print(np.random.randn(3,3))
```

运行结果如下。

```
0.39201748028452316
[ 1.26909416 -0.91589041  0.12617129]
[[ 1.31846501 -1.03969327  0.42346974]
 [-0.89471495 -0.05464121 -0.91381285]
 [-0.30452682  1.86838761 -0.67780028]]
```

标准正态分布是以 0 为均数、1 为标准差的，记为 N(0,1)。在-1.96～+1.96 范围内，曲线下的面积为 0.9500（取值在这个范围的概率为 95%）；在-2.58～+2.58 范围内，曲线下的面积为 0.9900（取值在这个范围的概率为 99%）。因此，由 np.random.randn()函数所产生的随机样本的取值范围为-1.96～+1.96，当然也不排除存在较大值的情形，只是概率较小而已。

np.random.rand()函数也可以用于生成随机数，其使用方法与 np.random.randn()函数的使用方法相同，通过该函数可以返回一个或一组服从“0～1”均匀分布的随机样本值。随机样本的取值范围为[0,1)。示例代码如下。

```
import numpy as np
print(np.random.rand())
print(np.random.rand(3))
print(np.random.rand(3,3))
```

运行结果如下。

```
0.9382851783064265
[0.40641096 0.18546098 0.5435625 ]
[[0.63303941 0.09651695 0.0540867 ]
 [0.72382374 0.00129984 0.35393147]
 [0.19376796 0.64496051 0.26349253]]
```

还有一些函数可以更深入一点定制化生成随机数，如 np.random.uniform(low,high,size)函数，其功能是从指定范围[low,high)内产生均匀分布的随机浮点数，注意定义域是左闭右开的，即包含 low，不包含 high，参数具体含义如下。

- low：采样下界，float 类型，默认值为 0。
- high：采样上界，float 类型，默认值为 1。
- size：输出样本数目，为 int 或元组(tuple)类型。例如，size=(m,n,k)，输出 mnk 个样本，默认输出 1 个值。
- 返回值：ndarray 类型，其形状和参数 size 中描述的一致。

示例代码如下。

```
import numpy as np
print(np.random.uniform())
print(np.random.uniform(10,20))
print(np.random.uniform(10,20,5))
```

运行结果如下。

```
0.13012660384778496
14.022010697202507
[10.55427584 13.41488404 13.11369144 17.05660899 14.73773864]
```

np.random.randint()函数也可以用于生成随机数，其语法格式如下。

```
np.random.randint(low, high=None, size=None, dtype='l')
```

- low：最小值。
- high：最大值。
- size：数组维度大小。

- dtype：数据类型，默认的数据类型是 int。
- 返回值：返回随机整数或整型数组，范围区间为[low,high)，包含 low，不包含 high；当 high 没有填写时，默认生成随机数的范围为[0，low)。

示例代码如下。

```
import numpy as np
print(np.random.randint(10))
print(np.random.randint(10,20))
print(np.random.randint(10,20,5))
print(np.random.randint(5, size=(2, 4)))
```

运行结果如下。

```
9
10
[10 13 15 13 17]
[[4 3 1 2]
 [2 4 0 4]]
```

随机数的生成与“种子”有关，np.random.seed()函数是随机种子生成器，作用是使下一次生成的随机数为由种子数决定的“特定”的随机数，如果该函数中的参数为空，则生成的随机数“完全”随机。

示例代码如下。

```
import numpy as np
np.random.seed(1)          #指定生成的“特定”的随机数与 seed 1 相关
a = np.random.random()
print(a)

b = np.random.random() #未指定 seed，本次随机数为完全随机
print(b)

c = np.random.random() #未指定 seed，本次随机数为完全随机
print(c)

np.random.seed(1)          #再次指定本次随机数与 seed 1 相关
d = np.random.random()
print(d)
```

运行结果如下。

```
0.417022004702574
0.7203244934421581
0.00011437481734488664
0.417022004702574
```

任务 3　numpy 库的进阶与实践

numpy 库提供了常用的数学计算函数。下面通过这些函数的使用示例，学习三角函数的运算、指数和对数的运算，以及其他基本的数学运算。

相比于 Python 自带的 math 库，numpy 库中数学函数最大的优势是可以对序列和数组进行操作。因此在学习 numpy 库的数学函数的过程中，需要了解不同函数中各个参数的使用规则和意义。

7.3.1　数制的概念

1. 指数与对数

numpy 库提供了指数与对数运算函数。需要注意的是，在计算指数时只提供以自然常数和 2 为底的函数，而在计算对数时只提供以自然常数、2 和 10 为底的函数。示例代码如下。

```
import numpy as np
expe = np.exp([1,2,3,4,5])          # 自然常数 e 的指数值
print('自然常数 e 的指数值为: ',expe)

exp2 = np.exp2([1,2,3,4,5])         # 计算 2 的指数值
print('计算 2 的指数值为: ',exp2)

loge = np.log([1, np.e])            # 计算以自然常数为底的对数
print('计算以自然常数为底的对数为: ',loge)

log2 = np.log2([1, np.e])           # 计算以 2 为底的对数
print('计算以 2 为底的对数为: ',log2)
```

```
log10 = np.log10([1, np.e])      # 计算以 10 为底的对数
print('计算以 10 为底的对数为：',log10)
```

运行结果如下。

```
自然常数 e 的指数值为：
 [  2.71828183   7.3890561   20.08553692  54.59815003 148.4131591 ]
计算 2 的指数值为： [ 2.  4.  8. 16. 32.]
计算以自然常数为底的对数为： [0. 1.]
计算以 2 为底的对数为： [0.          1.44269504]
计算以 10 为底的对数为： [0.          0.43429448]
```

2. numpy 数组运算

在 numpy 的运算中，矢量化操作尤为重要。大家思考一个问题：将一个 ndarray 数组加上一个数值（标量）之后的结果是什么？是仅将数组第一个元素加上数值，还是将全部元素都加上数值，或是将该数值追加到数组的末尾？我们仍然以绘制城市经济热力图为例，先来看下面的代码。

```
import numpy as np
import pandas as pd
data = pd.read_excel(r"GDP.xls")
cityNum = 10
gdp =np.array(data["GDP"][0:cityNum])
print(f"运算前：{gdp}")
gdp+= 1000
print(f"运算后：{gdp}")
```

运行结果如下。

```
运算前：[30133 28000 22286 21500 19530 18595 17000 13890 13400 12556]
运算后：[31133 29000 23286 22500 20530 19595 18000 14890 14400 13556]
```

从上面的示例可以看出，答案是将数组全部元素都加上了数值。numpy 库中的 ndarray 数组非常实用，因为它使得用户不用编写循环语句即可对数据执行批量运算，这一过程称为矢量化（Vectorzation）。

同理，如果将一个矢量加上另一个矢量，则也是将对应位置上的元素进行相加。示例代码如下。

```
plusArray=np.array([100,200,300,400,500,600,700,800,900,1000])
gdp+= plusArray
```

```
print(f"运算后：{gdp}")
```

运行结果如下。

```
运算后：[31233 29200 23586 22900 21030 20195 18700 15690 15300 14556]
```

numpy 库支持的主要矢量运算类型如下。

- 加（+）、减（-）、乘（*）、除（/）、求幂（**）。
- 与（&）、或（|）、非（~），当操作数为布尔型时，执行与、或、非操作；当操作数为整型时，执行按位的与、或、非操作。
- 各种逻辑运算符（<、<=、>、>=、! =、==）。

7.3.2 广播机制

对于异构（不同大小）的数组，会通过在 numpy 库中广播遵循一组严格的规范来确定两个数组之间的操作。

- 如果两个数组在维度的数量上有差异，则维度较少的数组的形状会被 1 填充在它的左边。
- 如果两个数组的形状在任何维度上都不匹配，但其中一个数组的形状等于 1，则在这个维度中，形状为 1 的数组将被拉伸以匹配另一个形状。
- 如果在任何维度上，两个数组的大小都不一致，且两者都不等于 1，就会出现错误。

示例代码如下。

```
data1 = np.arange(12).reshape(4, 3)
data1_cut = data1[:, 0:1]
print('data1_cut: \n', data1_cut)

data2 = np.arange(12).reshape(4, 3)
data2_cut = data1[0:1, :]
print('data2_cut: \n', data2_cut)

print('广播后的数组：\n', data1_cut + data2_cut)
```

运行结果如下。

```
data1_cut:
 [[0]
 [3]
```

```
 [6]
 [9]]
data2_cut:
 [[0 1 2]]
广播后的数组：
 [[ 0 1 2]
 [ 3 4 5]
 [ 6 7 8]
 [ 9 10 11]]
```

7.3.3　数组索引和切片

1．一维数组

一维数组较为简单，ndarray 的切片语法与 Python 列表中的切片语法一致。

示例代码如下。

```
#导入 numpy 模块
import numpy as np

# 创建一个一维数组
arr = np.array(list('abcdefghij'))

# 输出一维数组
print('arr 数组：', arr)

# 使用索引查找下标为 5 的元素
print('arr[5]索引查询结果：', arr[5])

# 使用切片查找索引 5～7 的元素
print('arr[5:8]切片子集结果：', arr[5:8])

# 利用切片获取数据，从下标索引值为 3 到结束的切片
print('arr[3:]的数据：', arr[3:])
```

运行结果如下。

```
arr 数组： ['a' 'b' 'c' 'd' 'e' 'f' 'g' 'h' 'i' 'j']
arr[5]索引查询结果： f
```

```
arr[5:8]切片子集结果： ['f' 'g' 'h']
arr[3:]的数据： ['d' 'e' 'f' 'g' 'h' 'i' 'j']
```

由上可知，一维数组的切片语法与 Python 列表中的切片语法一致，需要注意索引从 0 开始计数，冒号（:）右边表示切片终点索引，并且不包含在内。

2. 二维数组

获取二维数组的切片要注意以下几点。

- 二维数组的切片方式更加灵活多样。
- 对于高维度数组，索引能做更多的操作。
- 二维数组对象的格式为[二维度下标索引值,一维度元素下标索引值]，在一个二维数组中，各索引位置上的元素值不再是标量，而是一维数组。

二维数组切片索引的应用示例代码如下。

```
# 创建一个二维数组
arr2d = np.arange(12).reshape(3,4)
print('arr2d 数组：\n', arr2d)

# 使用索引查看 arr2d 的元素
print('arr2d[2]的切片：', arr2d[2])
```

运行结果如下。

```
arr2d 数组：
 [[ 0  1  2  3]
 [ 4  5  6  7]
 [ 8  9 10 11]]
arr2d[2]的切片： [ 8  9 10 11]
```

使用切片查看 arr2d 中的部分元素，代码如下。

```
arr2d[0:2, 2]
```

运行结果如下。

```
array([2, 6])
```

访问二维数组中的某个元素，代码如下。

```
print('arr2d[0][2]的值：', arr2d[0][2])
# 或者使用逗号
print('arr2d[0, 2]的值：', arr2d[0, 2])
```

运行结果如下。

```
arr2d[0][2]的值： 2
arr2d[0, 2]的值： 2
```

输出切片数据，代码如下。

```
print('arr2d[:2, 1:]的切片：\n', arr2d[:2,1:])
print('arr2d[1, :2]的切片：\n', arr2d[1,:2])
print('arr2d[2, :1]的切片：\n', arr2d[2,:1])
print('arr2d[:, :1]的切片：\n', arr2d[:,:1])
```

运行结果如下。

```
arr2d[:2, 1:]的切片：
 [[1 2 3]
 [5 6 7]]
arr2d[1, :2]的切片：
 [4 5]
arr2d[2, :1]的切片：
 [8]
arr2d[:, :1]的切片：
 [[0]
 [4]
 [8]]
```

3. 三维数组

三维度切片索引更加立体，三维度索引的语法格式：数组对象[三维度轴索引值,二维度下标索引值,一维度元素下标索引值]，所有的索引下标值从 0 开始。

三维数组切片索引的应用示例代码如下。

```
# 创建一个三维数组
arr3d = np.array([
    [
        [1,2,3],[4,5,6]
    ],
    [
        [7,8,9],[10,11,12]
    ]
])
```

```
# 获取轴值为 0 的二维数组
print('arr3d[0]的二维数组：\n', arr3d[0])

# 获取轴值为 0 且二维度下标为 1 的一维数组
print('arr3d[0,1]的一维数组：', arr3d[0,1])

# 获取轴值为 0 且二维度下标为 1、元素下标为 2 的元素值
print('arr3d[0,1,2]的元素值：', arr3d[0,1,2])
```

运行结果如下。

```
arr3d[0]的二维数组：
 [[1 2 3]
 [4 5 6]]
arr3d[0,1]的一维数组： [4 5 6]
arr3d[0,1,2]的元素值： 6
```

7.3.4 数组元素的修改

1．数组元素的筛选

我们经常需要筛选出数组中的某些元素，可以采用如下方式进行操作。示例代码如下。

```
# 从 arr 数组中提取所有奇数元素。
import numpy as np
arr = np.array([0, 1, 2, 3, 4, 5, 6, 7, 8, 9])
print("原数组为：",arr)
arr = arr[arr % 2 == 1]
print("筛选奇数的数组为：",arr)
```

运行结果如下。

```
原数组为： [0 1 2 3 4 5 6 7 8 9]
筛选奇数的数组为： [1 3 5 7 9]
```

由上可知，我们可以直接将对于索引的筛选条件表达式放置在 numpy 数组索引中进行操作。

2．数组元素的修改

示例代码如下。

```
import numpy as np
x = np.arange(8)
# 使用数组下标修改元素的值
print("第一个数组为：",x)
x[0] = 99
print("修改后的数组为：",x)
```

运行结果如下。

```
第一个数组为： [0 1 2 3 4 5 6 7]
修改后的数组为： [99  1  2  3  4  5  6  7]
```

由上可知，我们可以直接通过指定索引修改数组元素的值，多维数组同样可以采取相同的方式实现数组元素的修改。示例代码如下。

```
# 创建一个多维数组
x2 = np.array([[1,2,3], [11,22,33], [111,222,333]])
print("第二个数组为:\n",x2)

# 修改第 1 行第 3 列的元素值
x2[0, 2] = 9
print("修改第 1 行第 3 列的元素值后的数组为：\n",x2)

# 行数大于或等于 2 的，列数大于或等于 2 的置为 0
x2[1:,1:] = 0
print("行数大于或等于 2 的，列数大于或等于 2 的置为 0 后的数组为：\n",x2)

# 同时修改多个元素值
x2[1:,1:] = [7,8]
print("同时修改多个元素值后的数组为：\n",x2)
```

运行结果如下。

```
第二个数组为:
 [[  1   2   3]
 [ 11  22  33]
 [111 222 333]]
修改第 1 行第 3 列的元素值后的数组为：
 [[  1   2   9]
```

```
 [ 11  22  33]
 [111 222 333]]
行数大于或等于 2 的，列数大于或等于 2 的置为 0 后的数组为：
 [[  1   2   9]
 [ 11   0   0]
 [111   0   0]]
同时修改多个元素值后的数组为：
 [[  1   2   9]
 [ 11   7   8]
 [111   7   8]]
```

在 numpy 的数组切片中，需要注意到以下这种情况。

```
# 创建一个一维数组
arr = np.arange(10)

# 输出一维数组
print('arr 数组：', arr)

# 获取数组切片
arr_slice = arr
print('arr_slice 切片数据：', arr_slice)

# 切片索引单元素赋值（在 arr_slice 上做的修改，也影响到了 arr）
arr_slice[1] = 12345
print('arr_slice 切片数据：', arr_slice)
print('arr 数组数据：', arr)
```

运行结果如下。

```
arr 数组： [0 1 2 3 4 5 6 7 8 9]
arr_slice 切片数据： [0 1 2 3 4 5 6 7 8 9]
arr_slice 切片数据： [    0 12345     2     3     4     5     6     7     8     9]
arr 数组数据： [    0 12345     2     3     4     5     6     7     8     9]
```

由上可知，当修改了 arr_slice 后，源数组 arr 中的值也发生了变化，这里凸显了数组与列表重要的区别在于，数组切片是源数组的视图。这意味着数据不会被复制，视图上的任何修改都会反映到源数组上。如果想要得到的是 ndarray 切片的一份副本而非视图，就需要显式地进行复制操作。我们可以使用 copy()函数新建一个数组，且不影响源数组。示例代码如下。

```
arr = np.arange(10)
arr_slice = arr.copy()
print('arr_slice 数组：\n', arr_slice)
```

运行结果如下。

```
arr_slice 数组：
 [0 1 2 3 4 5 6 7 8 9]
```

示例代码如下。

```
arr_slice[1] =12345
print('修改后的 arr_slice 数组：\n', arr_slice)
```

运行结果如下。

```
修改后的 arr_slice 数组：
 [ 0  12345  2  3  4  5  6  7  8  9]
```

示例代码如下。

```
print('源数组：\n', arr)
```

运行结果如下。

```
源数组：
 [0 1 2 3 4 5 6 7 8 9]
```

项目考核

一、温故知新

回顾 numpy 二维数组，并进行以下操作。

（1）创建一个由 1～9 组成的 3 行 3 列的二维数组，并输出。

（2）使用切片获取以上二维数组中右上角的 4 个元素组成的数组。

（3）获取数组中第 2 行的前两个元素。

（4）获取数组中左下角的一个元素。

（5）获取数组第一列的所有元素。

（6）获取数组中大于 5 的所有元素。

（7）在最后一行添加[10, 11, 12]。

（8）删除最后一行元素。

二、小试牛刀

创建国际象棋棋盘，填充 8×8 矩阵。国际象棋棋盘是一个正方形，由横纵向各 8 格、颜色一深一浅交错排列的 64 个小方格组成。

要求：编写程序，使用 numpy 创建一个 8×8 的矩阵，其中黑格为 1，白格为 0。

项目 8

对 IMDb 电影数据进行分析

项目介绍

互联网电影资料库（Internet Movie Database，IMDb）是一个关于电影或电视剧演员、电影、电视节目和电影制作的在线数据库。IMDb 创建于 1990 年 10 月 17 日，从 1998 年开始成为亚马逊公司旗下网站。IMDb 中包含影片的众多信息，如演员、片长、内容介绍、分级、评论等，是当前使用频率非常高的电影评分工具。同时，IMDb 不仅是电影和电子游戏的数据库，还提供了每日更新的电影电视新闻，同时为不同电影活动（如奥斯卡奖）推出特别报道。IMDb 的论坛也十分活跃，除了每个数据库条目都有留言板，还有关于多种多样的主题的各种综合讨论板。从 IMDb 扩展出来的网站 IMDbPro 为专业人士提供了额外的信息，如电影业界人士的联系方式，电影活动日期表等。本项目将利用 Python 中的 pandas 库对一份来自 IMDb 的电影数据进行分析，得到一些与电影有关的有趣探索。

任务安排

任务 1　任务解析与实现。

任务 2　pandas 库的入门。

任务 3　pandas 库的进阶与实践。

学习目标

✧ 完成项目 8 实战。

✧ 了解 pandas 库的常用函数。

✧ 了解统计分析的概念。

✧ 掌握利用 pandas 库进行数据分析的技巧。

任务 1　任务解析与实现

IMDb 数据涵盖了非常多的电影、电视内容，同时总结了诸多与电影、电视剧息息相关的指标，作为一名 Python 学习者及电影爱好者，我们面对这份数据首先想到的就应该是如何利用 pandas 库分析这些数据体现了什么关系。

我们将分析 3 个任务，一是电影评分与票房收入之间究竟是什么关系；二是哪些电影流派是荧幕主流，出现频率高；三是电影时长应该设为多少较为恰当。

8.1.1　任务解析

1．数据清洗

我们的目标是对 IMDb 数据进行分析并得到结论，那么面对数据分析的工作，先要认识数据。该数据名为“IMDb.csv”，格式是常见的 CSV 文件［CSV（Comma-Separated Values）的中文含义为逗号分隔值，有时也被称为字符分隔值，分隔字符也可以不是逗号］，其文件以纯文本形式存储表格数据（数字和文本）。CSV 文件由任意数目的记录组成，记录之间以某种换行符分隔。每条记录均由字段组成，字段之间的分隔符是逗号或其他字符。通常，所有记录都有完全相同的字段顺序。打开后大家可看到该数据集包含了诸多电影，以及每个电影对应了很多特征指标，包括电影名称、流派类型、描述、导演、演员列表、上映年份、电影时长、电影评分、票房收入等信息。认识数据先要理解数据意义，尤其是各个特征指标的内在含义，对应解析如表 8.1 所示。

表 8.1　字段解析

字段名称	字段解析
Title	电影名称

续表

字段名称	字段解析
Genre	流派类型，用逗号分隔
Description	描述
Director	导演
Actors	演员列表，用逗号分隔
Year	上映年份
Runtime（Minutes）	电影时长（单位：分钟）
Rating	电影评分
Revenue（Millions）	票房收入（单位：百万美元）

不难发现该数据集中存在命名不规范字段 Runtime（Minutes）和 Revenue（Millions），而在 Python 中字段命名规范是只能包含字母、数字或下画线。同时发现该数据集中字段 Genre 和 Actors 均是用逗号分隔的字符串，为了便于后续程序处理，需要提前进行格式转换，如将其转换为 Python 列表。解题的第一步要先用 pandas 库从文件“IMDb.csv”中读取电影数据集，再进行相应的“脏数据”清洗工作。该步骤是大家面对数据分析工作的重要环节，具体数据分析工作必须建立在有价值的数据基础之上，如果数据有问题，则苦心构建的数据集就失去了价值。正因为如此，清洗“脏数据”的工作不仅十分必要，而且越早越好。清洗“脏数据”就是检测和清除那些冗杂、混乱、无效的数据，以保证数据的正确性、可靠性、完整性和一致性。清洗“脏数据”的原则有两点：一是约束输入，二是规范输出。

2．数据探索

数据探索的目标是基于现有数据进一步探索数据集大小、特征和样本数量、数据类型、数据的概率分布等多项指标，主要分为两类，一是数据质量探索分析，二是数据特征分析。数据质量探索分析关注缺失值、异常值、数据不一致等问题，而数据特征分析关注数据分布、数据对比、统计量、相关性等环节。Python 中用于数据探索的库主要是 pandas（数据分析）和 matplotlib（数据可视化），分析的过程和结论以图像的形式呈现出来将更加直观、形象，其中 pandas 库提供了大量与数据库探索相关的函数，这些数据探索函数大致分为统计特征函数与统计绘图函数，而绘图函数依赖于 matplotlib 库，所以往往将 pandas 库与 matplotlib 库结合在一起使用。

8.1.2 任务实现

在 Anaconda 环境中，启动 Jupyter Notebook 工具，新建一个名为“对 IMDb 电影数据进行分析.ipynb”的文件并保存。接下来开始编写 Python 代码，代码如下。

```
'''
作者: DaZhao
名称: “对 IMDb 电影数据进行分析”示例程序
'''

import numpy as np
import pandas as pd
import matplotlib.pyplot as plt
import seaborn as sns                    # 基于 matplotlib 的图形可视化库
```

1．获取数据

```
data = pd.read_csv(r"IMDb.csv")         # 使用 pandas 库读入待处理的 CSV 文件
# 使用 shape 属性查看数据集的行列数（返回一个元组）
print(f"数据集 data 的行列数为: {data.shape}")
data.head(n=3)                           # 提取 data 中的前 3 行记录
```

运行结果如下。

```
数据集 data 的行列数为: (1000, 12)
```

2．数据清洗

```
# 删除完全一样的重复行
data = data.drop_duplicates()
# 将列名中的空格用下画线替代
data.columns = [i.split()[0]+"_"+i.split()[1]  if len(i.split())>1 else
i for i in data.columns]
# 删除列名中的括号对
data = data.rename(columns = {"Runtime_(Minutes)":"Runtime_Minutes"})
data = data.rename(columns = {"Revenue_(Millions)":"Revenue_Millions"})
data.columns # 显示清洗后的列名列表
```

运行结果如下。

```
Index(['Rank', 'Title', 'Genre', 'Description', 'Director', 'Actors',
'Year',
```

```
        'Runtime_Minutes',    'Rating',    'Votes',    'Revenue_Millions',
'Metascore'],
       dtype='object')
```

3. 数据探索

```
# 任务分析 1：电影评分与票房的关系
plt.rcParams["font.sans-serif"] = ["SimHei"]   # 正常显示中文标签
plt.style.use("ggplot")                          # 使用自带样式进行美化
f, ax = plt.subplots(figsize=(8, 5))             # 设置画纸
sns.regplot(x="Rating", y="Revenue_Millions", data=data, ax=ax) # 绘制数据
plt.title("电影评分与票房的关系")                # 绘图标题
plt.xlabel("电影评分")                           # 绘图横轴名称
plt.ylabel("票房（单位：百万美元）")             # 绘图纵轴名称
plt.grid(True)                                   # 生成网格
plt.show()                                       # 显示绘图
```

运行结果如图 8.1 所示。

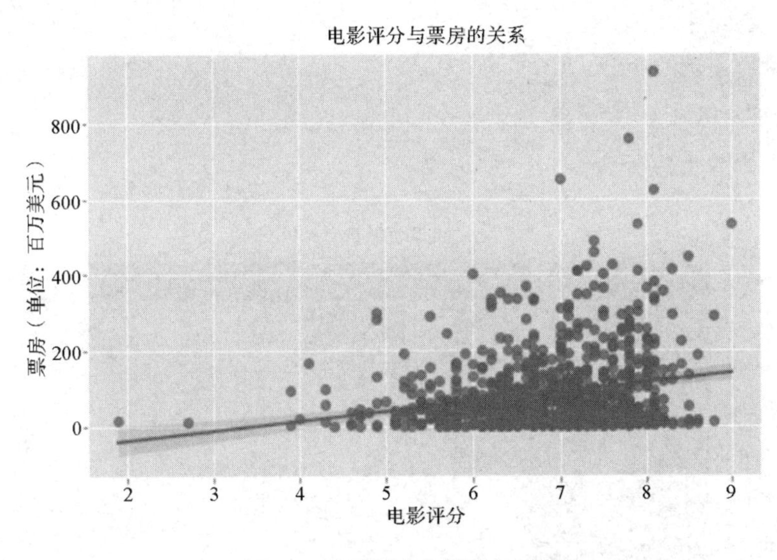

图 8.1　电影评分与票房关系图

```
# 任务分析 2：哪些电影流派类型出现频率高？
# 清洗 Genre（流派类型）字段，作为分析数据
dataGenre = pd.DataFrame(data["Genre"])
dataGenre = dataGenre.reset_index(drop=True) # 删除索引
# 将 Genre（流派类型）字段以逗号为分隔符转换为列表
dataGenre["Genre"] = dataGenre["Genre"].str.split(",")
```

```
# 将 Genre（流派类型）字段列表中的每一个元素都加入一个新列表中
listGenre = []
for i in dataGenre["Genre"]:
    listGenre.extend(i)

# 将 listGenre 转换为 pandas 的 Series
result = pd.Series(listGenre)
# 计算出现次数排在前 10 位的流派类型
result = result.value_counts()[0:10].sort_values(ascending=True)

plt.subplots(figsize=(8, 5))
desc = result.plot(kind="barh", width=0.9) # 绘制水平柱状图
# 通过 desc 设置注释文本（每个流派类型的具体出现次数）
for y, freq in enumerate(result.values):
    desc.text(1, y, str(freq)+"次", color="white", weight="bold")

plt.title("电影流派类型 TOP 10")
plt.xlabel("出现次数")
plt.ylabel("流派类型")
plt.show()
```

运行结果如图 8.2 所示。

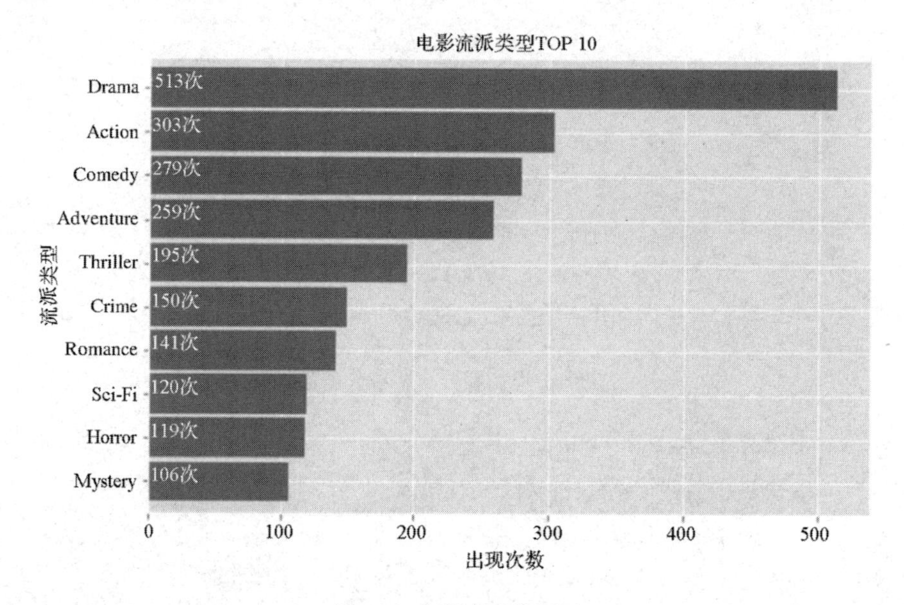

图 8.2　电影流派类型图

```
    # 任务分析 3：电影时长为多少最合适？
    dataRT = pd.DataFrame()
    # 将所有电影按照时长划分为短、中、长
    dataRT["short"] = data["Runtime_Minutes"].map(lambda x: 1 if x<=80 else 0)
    dataRT["middle"] = data["Runtime_Minutes"].map(lambda x: 1 if 80<x<=120
else 0)
    dataRT["long"] = data["Runtime_Minutes"].map(lambda x: 1 if x>120 else 0)
    shortMovie = dataRT["short"].sum()      # 统计短时长电影数量
    middleMovie = dataRT["middle"].sum()    # 统计中时长电影数量
    longMovie = dataRT["long"].sum()        # 统计长时长电影数量

    plt.subplots(figsize=(6, 6))
    result = pd.Series({"短时长":shortMovie, "中时长":middleMovie, "长时
长":longMovie})
    result.plot(kind="pie", label="", autopct="%1.1f%%") # 绘制饼状图
    plt.title("电影时长分布")
    plt.show()
```

运行结果如图 8.3 所示。

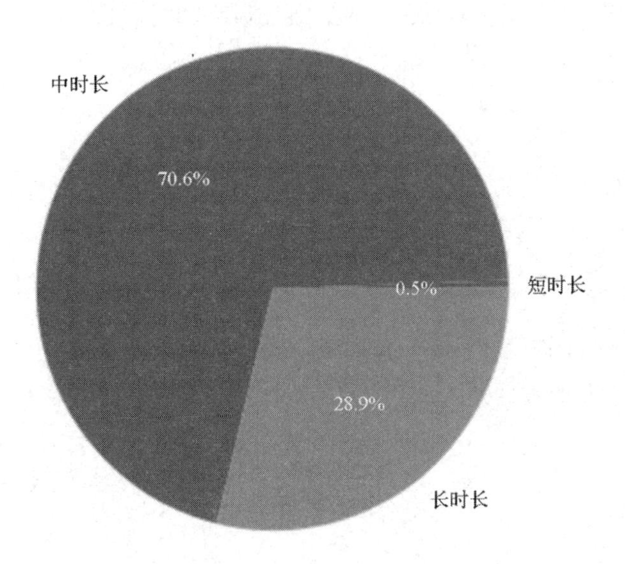

图 8.3　电影时长分布图

任务 2 pandas 库的入门

pandas 库是 Python 在科学计算和数据分析领域的核心模块，它含有使数据分析工作变得更快、更简单的高级数据结构和操作工具。pandas 库是基于 numpy 库构建的，让以 numpy 库为中心的应用变得更加简洁。本任务在学习 numpy 库的基础上，掌握 pandas 库函数的使用方法。

学习 pandas 库需要了解 pandas 库特有的数据结构、矢量计算等，通过示例演示，加深对于 pandas 库操作的认识。

8.2.1 认识 pandas 库

1．pandas 库的优势

在学习 pandas 库函数之前，我们需要了解 pandas 库的优势。

- 具有按轴自动对齐或显示数据来源功能的数据结构。这样可以防止许多由于数据未对齐，以及数据来自不同数据源（索引方式不同）而出现的常见错误。
- 集成时间序列功能。
- 既能处理时间序列数据的数据结构，也能处理非时间序列数据的数据结构。
- 可以根据不同的元数据（轴编号）进行数学运算（如对某个轴求和）。
- 灵活处理缺失数据。
- 合并及其他出现的常见数据库（如基于 SQL 的）中的关系型运算。

当使用 pandas 模块时，可采用如下语句进行导入。

```
import pandas as pd # 推荐使用，给模块起别名
```

因此，只要在代码中看到 pd，就要想到这是 pandas 库。由于 Series 和 DataFrame 是 pandas 库中两个主要的数据结构，而且使用频率非常高，因此将其引入本地命名空间中会更加方便。

2．Series

Series 是一个类似于一维数组的数据结构，能够保存任何类型的数据，如整数、字符串、浮点数等，主要由一组数据和与之相关的索引两部分构成。创建 Series 对象的语法格式如下。

```
pd.Series(data=None, index=None, dtype=None)
```

- data：传入的数据，可以是数组、列表等。
- index：索引，必须是唯一的，且与数据的长度相等。如果没有传入索引参数，则默认自动创建一个 0～N-1（N 为数据的长度）的整数索引。
- dtype：数据的类型。

示例代码如下。

```
import numpy as np
import pandas as pd

# 快速创建一个 Series 对象
obj = pd.Series(np.arange(10))
print(obj)
```

运行结果如下。

```
0   0
1   1
2   2
3   3
4   4
5   5
6   6
7   7
8   8
9   9
dtype: int32
```

根据输出的结果我们可以看出，Series 的字符串表现形式：索引在左边，值在右边。由于没有为数据指定索引，因此自动创建一个 0～N-1 的整数索引。我们可以通过 Series 的 values 和 index 属性获取其数组表示形式和索引对象。当需要自定义索引时，可以采用如下方式。

```
# 创建一个 Series 对象，自定义索引
obj = pd.Series(['aa','bb','cc'], index=['a1','a2','a3'])
print(obj.index)
```

运行结果如下。

```
Index(['a1', 'a2', 'a3'], dtype='object')
```

也可以采用字典参数创建一个 Series 对象，代码如下。

```
# 创建一个字典
salarydata = {'alvin':5000, 'teresa':8000, 'elly':7500}

# 使用字典对象作为参数创建 Series 对象
obj = pd.Series(salarydata)

# 输出 Series 对象 obj
print(obj)
```

运行结果如下。

```
alvin  5000
teresa  8000
elly  7500
dtype: int64
```

3. 属性和运算

为了更方便地操作 Series 对象中的索引和数据，Series 提供了两个属性：index 和 values。示例代码如下。

```
# 输出 Series 对象的 index 值
print(obj.index)

# 输出 Series 对象的 values 值
print(obj.values)
```

运行结果如下。

```
 Index(['alvin', 'teresa', 'elly'], dtype='object')
[5000 8000 7500]
```

也可以使用索引来获取数据。示例代码如下。

```
print(obj[2])
print(obj['elly'])
# 输出指定范围区域的索引值列表
print(obj[['teresa', 'elly']])
```

运行结果如下。

```
7500
7500
```

```
teresa    8000
elly      7500
dtype: int64
```

Series 对象还可以进行便捷计算。示例代码如下。

```
# 创建一个新的 Series 对象
obj = pd.Series([3,-8,1,10], index=['d','b','a','c'])
print(obj)

# 布尔型数组筛选操作 values 大于 0
print(obj[obj>0])

# 标量乘法运算
print(obj * 2)
```

运行结果如下。

```
d     3
b    -8
a     1
c    10
dtype: int64
d     3
a     1
c    10
dtype: int64
d     6
b   -16
a     2
c    20
dtype: int64
```

查看索引值 b 是否为 Series 的成员。示例代码如下。

```
print('b' in obj)
print('e' in obj)
```

运行结果如下。

```
True
False
```

当索引与数据长度不同时，将会自动对齐。示例代码如下。

```
sdata = {"a" : 100, "b" : 200, "e" : 300}
letter = ["a", "b", "c" , "e" ]
obj =  pd.Series(sdata, index = letter)
print(obj)
```

运行结果如下。

```
a    100.0
b    200.0
c      NaN
e    300.0
dtype: float64
```

8.2.2 DateFrame

1. 数据结构

DataFrame 是一个类似于二维数组或表格（如 Excel）的对象。它含有一组有序的列，每列可以是不同的类型（数值、字符串、布尔值）等。

DataFrame 既有行索引，也有列索引。创建 DataFrame 的语法格式如下。

```
pd.DataFrame(data=None, index=None, columns=None)
```

- data：传入的数据，可以是数组、字典等。
- index：索引，必须是唯一的，且与数据的长度相等。如果没有传入索引参数，则默认自动创建一个 0～*N*-1 的整数索引。
- columns：列标签。如果没有传入索引参数，则默认自动创建一个 0～*N*-1 的整数索引。

我们可以使用 numpy 数组创建 DataFrame 对象。示例代码如下。

```
# 使用 numpy 数组创建 DataFrame 对象
import numpy as np
arr2d = np.random.randn(4, 3)
frame1 = pd.DataFrame(arr2d, columns=['Randn1','Randn2','Randn3'])
print(frame1)
```

运行结果如下。

```
Randn1    Randn2    Randn3
0 -0.843641 -1.265515  0.572940
```

```
1  0.591061 -0.259899  0.155154
2 -1.195984 -0.548717  1.367391
3 -0.057965  0.135956 -0.433021
```

也可以使用 values 创建 DataFrame 对象。示例代码如下。

```
# 使用 values 创建 DataFrame 对象
print(frame1.values)
print(type(frame1.values))
```

运行结果如下。

```
[[-0.84364132 -1.26551532  0.57294038]
 [ 0.59106114 -0.25989877  0.15515445]
 [-1.19598433 -0.54871701  1.36739137]
 [-0.05796536  0.13595604 -0.43302065]]
<class 'numpy.ndarray'>
```

还可以使用字典创建 DataFrame 对象。示例代码如下。

```
data = {
    'name':['张三', '李四', '王五', '小明'],
    'sex':['female', 'female', 'male', 'male'],
    'year':[2001, 2001, 2003, 2002],
    'city':['北京', '上海', '广州', '北京']
}
df = pd.DataFrame(data)
print(df)
```

运行结果如下。

```
  name    sex   year   city
0   张三  female  2001   北京
1   李四  female  2001    上海
2   王五    male  2003   广州
3   小明    male  2002   北京
```

如果传入的列在数据中找不到，就会产生 NaN 值（缺失值），DataFrame 对象也一样。示例代码如下。

```
# 缺失值显示
frame1 = pd.DataFrame(data,
                  columns=['Number','Name','Scores','Age'],
                  index=['No.01','No.02','No.03','No.04','No.05'])
print(frame1)
```

运行结果如下。

```
       Number Name   Scores  Age
No.01     NaN  NaN    NaN  NaN
No.02     NaN  NaN    NaN  NaN
No.03     NaN  NaN    NaN  NaN
No.04     NaN  NaN    NaN  NaN
No.05     NaN  NaN    NaN  NaN
```

2. DataFrame 属性

通过示例了解 DataFrame 的属性。示例代码如下。

```
df = pd.DataFrame({
    'name':['张三', '李四', '王五', '小明'],
    'sex':['female', 'female', 'male', 'male'],
    'year':[2001, 2001, 2003, 2002],
    'city':['北京', '上海', '广州', '北京']
})

print('数据维度: \n', df.shape)
print('索引: \n', df.index)
print('列名:\n', df.columns)
print('取值:\n', df.values)
```

运行结果如下。

```
数据维度:
 (4, 4)
索引:
 RangeIndex(start=0, stop=4, step=1)
列名:
 Index(['name', 'sex', 'year', 'city'], dtype='object')
取值:
 [['张三' 'female' 2001 '北京']
 ['李四' 'female' 2001 '上海']
 ['王五' 'male' 2003 '广州']
 ['小明' 'male' 2002 '北京']]
```

采用转置操作：

```
df.T
```

运行结果如下。

```
          0         1         2         3
name      张三       李四       王五       小明
sex       female    female    male      male
year      2001      2001      2003      2002
city      北京       上海       广州       北京
```

3. DataFrame 索引的设置

pandas 库的索引对象负责管理轴标签和其他元数据（如轴名称等），当创建 Series 对象或 DataFrame 对象时，所用到的任何数组或其他序列的标签都会被转换成一个元数据。示例代码如下。

```
# 生成 10 个同学，5 门功课的数据
score = np.random.randint(40, 100, (10, 5))

# 构造行索引序列
subjects = ["语文", "数学", "英语", "政治", "体育"]

# 添加行索引
data = pd.DataFrame(score, columns=subjects)
print(data)
```

运行结果如下。

```
   语文  数学   英语   政治  体育
0  54   84    47    79    53
1  96   76    60    97    78
2  92   91    80    53    77
3  85   99    45    71    97
4  50   52    56    81    96
5  83   59    54    53    94
6  51   46    71    75    78
7  57   56    73    48    85
8  53   77    75    47    60
9  53   52    80    42    87
```

如果想要修改行索引，则需要遵循一定规则。示例代码如下。

```
# 错误修改方式
# data.index[3] = '学生_3'
```

```
stu = ["学生_" + str(i) for i in range(data.shape[0])]
# 必须整体全部修改
data.index = stu
print(data)
```

运行结果如下。

```
       语文  数学  英语   政治  体育
学生_0  54   84    47    79    53
学生_1  96   76    60    97    78
学生_2  92   91    80    53    77
学生_3  85   99    45    71    97
学生_4  50   52    56    81    96
学生_5  83   59    54    53    94
学生_6  51   46    71    75    78
学生_7  57   56    73    48    85
学生_8  53   77    75    47    60
学生_9  53   52    80    42    87
```

也可以使用 reset_index()函数进行重设索引，如 reset_index(drop=False)，drop 表示默认值为 False，不会删除原来的索引值，如果 drop 的值为 True，则删除原来的索引值。示例代码如下。

```
# 重置索引，drop=False
data.reset_index()
```

运行结果如下。

```
    index   语文     数学     英语     政治     体育
0   学生_0   54      84       47       79       53
1   学生_1   96      76       60       97       78
2   学生_2   92      91       80       53       77
3   学生_3   85      99       45       71       97
4   学生_4   50      52       56       81       96
5   学生_5   83      59       54       53       94
6   学生_6   51      46       71       75       78
7   学生_7   57      56       73       48       85
8   学生_8   53      77       75       47       60
9   学生_9   53      52       80       42       87
```

设置参数 drop=True 的示例代码如下。

```
# 重置索引，drop=True
```

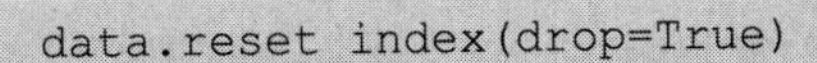

```
data.reset_index(drop=True)
```

运行结果如下。

	语文	数学	英语	政治	体育
0	54	84	47	79	53
1	96	76	60	97	78
2	92	91	80	53	77
3	85	99	45	71	97
4	50	52	56	81	96
5	83	59	54	53	94
6	51	46	71	75	78
7	57	56	73	48	85
8	53	77	75	47	60
9	53	52	80	42	87

如果想要将某列设置为新的索引，则可以使用 set_index(keys, drop=True)函数，其中 keys 是列索引名称或列索引名称的列表，drop 是 boolean 类型，default True 表示当作新的索引，删除原来的列。示例代码如下。

```
data.set_index('语文')
```

运行结果如下。

语文	数学	英语	政治	体育
54	84	47	79	53
96	76	60	97	78
92	91	80	53	77
85	99	45	71	97
50	52	56	81	96
83	59	54	53	94
51	46	71	75	78
57	56	73	48	85
53	77	75	47	60
53	52	80	42	87

任务 3　pandas 库的进阶与实践

任务 2 介绍了 Series、DataFrame 的数据结构，本任务将在此基础上进一步拓展，了解和掌握针对 Series 和 DataFrame 的进阶操作，如索引的切片，以及进行数据删除、修改与排序等操作。

8.3.1 索引实操

利用一份股票数据进行操作演示。示例代码如下。

```
import  pandas  as pd
# 读取股票数据
data = pd.read_csv(r'Data\stock.csv')
data.head()
data['trading_day'] = pd.to_datetime(data['trading_day'])
data.to_csv(r'Data\stock.csv', index=False)
data = data.set_index('trading_day',drop=True)
```

运行结果如图 8.4 所示。

	trading_day	open	high	low	close	pe_ttm	pb_lf	turn
0	2010-01-04	172.00	172.00	169.31	169.94	36.110126	11.505291	0.469431
1	2010-01-05	170.99	171.50	169.00	169.44	36.003880	11.471440	0.333897
2	2010-01-06	168.99	169.50	166.31	166.76	35.434414	11.289998	0.422643
3	2010-01-07	166.76	167.19	161.88	163.72	34.788452	11.084184	0.517329
4	2010-01-08	164.00	164.00	160.10	162.00	34.422974	10.967736	0.388876

图 8.4　数据展示

也可以直接使用行、列索引（先列后行）选取 close 列。示例代码如下。

```
data['close']
```

运行结果如下。

```
trading_day
2010-01-04     169.94
2010-01-05     169.44
2010-01-06     166.76
2010-01-07     163.72
2010-01-08     162.00
                ...
2022-03-21    1704.30
2022-03-22    1695.00
2022-03-23    1752.19
```

```
2022-03-24    1720.93
2022-03-25    1690.00
Name: close, Length: 2971, dtype: float64
```

另一种方式的示例代码如下。

```
data.close
```

运行结果如下。

```
trading_day
2010-01-04     169.94
2010-01-05     169.44
2010-01-06     166.76
2010-01-07     163.72
2010-01-08     162.00
                ...
2022-03-21    1704.30
2022-03-22    1695.00
2022-03-23    1752.19
2022-03-24    1720.93
2022-03-25    1690.00
Name: close, Length: 2971, dtype: float64
```

可以根据行、列获取所需值。示例代码如下。

```
data['close']['2022-03-21']
```

运行结果如下。

```
1704.30
```

8.3.2　索引操作

1．loc 和 iloc

在实际应用中经常需要获取序列片段，这时可以结合 loc 和 iloc 来使用索引。

loc：通过行、列索引名称，获取具体数据（如获取 index 为 2018-02-27、列为 open 的值）。

iloc：通过行、列索引位置，获取具体数据（iloc 与 numpy 数据索引的方法一致，行、列都是从 0 开始的）。

示例代码如下。

```
data.loc['2018-02-27', 'open']
```

运行结果如下。

```
749.0
```

也可以使用 iloc 通过索引的下标获取数据。示例代码如下。

```
# 获取数据起始的 3 天数据前 5 列的结果
data.iloc[:3, :5]
```

运行结果如下。

```
              open   high    low    close   pe_ttm
trading_day
2010-01-04  172.00  172.0  169.31  169.94  36.110126
2010-01-05  170.99  171.5  169.00  169.44  36.003880
2010-01-06  168.99  169.5  166.31  166.76  35.434414
```

使用 loc、iloc 获取行数据的示例代码如下。

```
#获取索引为'2010-01-04'的行
print('loc 的切片:\n', data.loc['2010-01-04'])
#获取第 0 行数据，索引为'2010-01-04'的行就是第 0 行，所以结果相同
print('iloc 的切片:\n', data.iloc[0])
```

运行结果如下。

```
loc 的切片:
open      172.000000
high      172.000000
low       169.310000
close     169.940000
pe_ttm     36.110126
pb_lf      11.505291
turn        0.469431
Name: 2010-01-04 00:00:00, dtype: float64
iloc 的切片:
open      172.000000
high      172.000000
low       169.310000
close     169.940000
pe_ttm     36.110126
pb_lf      11.505291
turn        0.469431
Name: 2010-01-04 00:00:00, dtype: float64
```

也可以利用 loc、iloc 获取列数据。示例代码如下。

```
#获取'open'列所有行，多获取几列格式为 data.loc[:,['open','close']]
print(data.loc[:,['open']])
#获取'open'列所有行，多获取几列格式为 data.loc[:,['open','close']]（报错）
# print(data.loc[:,['0']])
#获取第 0 列所有行，多获取几列格式为 data.iloc[:,[0,1]]
print(data.iloc[:,[0]])
```

运行结果如下。

```
                 open
trading_day
2010-01-04    172.00
2010-01-05    170.99
2010-01-06    168.99
2010-01-07    166.76
2010-01-08    164.00
...              ...
2022-03-21   1724.00
2022-03-22   1723.88
2022-03-23   1705.00
2022-03-24   1738.00
2022-03-25   1712.00

[2971 rows x 1 columns]
                 open
trading_day
2010-01-04    172.00
2010-01-05    170.99
2010-01-06    168.99
2010-01-07    166.76
2010-01-08    164.00
...              ...
2022-03-21   1724.00
2022-03-22   1723.88
2022-03-23   1705.00
2022-03-24   1738.00
2022-03-25   1712.00
```

```
[2971 rows x 1 columns]
```

也可以利用 loc、iloc 获取指定行、指定列中的数据。示例代码如下。

```
#提取 index 为'2010-01-04', '2010-01-05',列名为'open','close'中的数据
print(data.loc[['2010-01-04','2010-01-05'], ['open','close']])
#获取第 0 行、第 1 行，第 0 列、第 3 列中的数据
print(data.iloc[[0,1], [0,3]])
```

运行结果如下。

```
              open   close
trading_day
2010-01-04   172.00  169.94
2010-01-05   170.99  169.44
              open   close
trading_day
2010-01-04   172.00  169.94
2010-01-05   170.99  169.44
```

2. 赋值操作

赋值操作也经常使用，如将 DataFrame 中的 close 列重新赋值为 1。示例代码如下。

```
# 直接修改原来的值
data['close'] = 1

# 新增 1 列
data['code'] = '600519.SH'
data.head()
```

运行结果如图 8.5 所示。

trading_day	open	high	low	close	pe_ttm	pb_lf	turn	code
2010-01-04	172.00	172.00	169.31	1	36.110126	11.505291	0.469431	600519.SH
2010-01-05	170.99	171.50	169.00	1	36.003880	11.471440	0.333897	600519.SH
2010-01-06	168.99	169.50	166.31	1	35.434414	11.289998	0.422643	600519.SH
2010-01-07	166.76	167.19	161.88	1	34.788452	11.084184	0.517329	600519.SH
2010-01-08	164.00	164.00	160.10	1	34.422974	10.967736	0.388876	600519.SH

图 8.5 运行结果（1）

3．删除数据

当要删除数据时，可以使用 drop()函数。示例代码如下。

```
# 删除数据的行
data.drop('2010-01-04',inplace = True)
data.head()
```

运行结果如图 8.6 所示。

	open	high	low	close	pe_ttm	pb_lf	turn	code
trading_day								
2010-01-05	170.99	171.50	169.00	1	36.003880	11.471440	0.333897	600519.SH
2010-01-06	168.99	169.50	166.31	1	35.434414	11.289998	0.422643	600519.SH
2010-01-07	166.76	167.19	161.88	1	34.788452	11.084184	0.517329	600519.SH
2010-01-08	164.00	164.00	160.10	1	34.422974	10.967736	0.388876	600519.SH
2010-01-11	163.60	164.90	160.50	1	34.272110	10.919668	0.259176	600519.SH

图 8.6　运行结果（2）

当要删除数据的列时，可以使用以下代码。

```
# 删除数据的列
data.drop('turn',axis=1, inplace = True)
data.head()
```

运行结果如图 8.7 所示。

	open	high	low	close	pe_ttm	pb_lf	code
trading_day							
2010-01-05	170.99	171.50	169.00	1	36.003880	11.471440	600519.SH
2010-01-06	168.99	169.50	166.31	1	35.434414	11.289998	600519.SH
2010-01-07	166.76	167.19	161.88	1	34.788452	11.084184	600519.SH
2010-01-08	164.00	164.00	160.10	1	34.422974	10.967736	600519.SH
2010-01-11	163.60	164.90	160.50	1	34.272110	10.919668	600519.SH

图 8.7　运行结果（3）

4．修改数据

当要修改数据时，可以使用 replace()函数。示例代码如下。

```
data.replace('600519.SH','600519',inplace=True)
data.head()
```

运行结果如下。

```
             open     high    low    close  pe_ttm      pb_lf      code
trading_day
2010-01-05  170.99  171.50  169.00  1    36.003880  11.471440  600519
2010-01-06  168.99  169.50  166.31  1    35.434414  11.289998  600519
2010-01-07  166.76  167.19  161.88  1    34.788452  11.084184  600519
2010-01-08  164.00  164.00  160.10  1    34.422974  10.967736  600519
2010-01-11  163.60  164.90  160.50  1    34.272110  10.919668  600519
```

也可以使用 rename()函数修改列名。示例代码如下。

```
data.rename(columns={'pb_lf':'pb'}, inplace=True)
data.head()
```

运行结果如下。

```
             open     high    low    close  pe_ttm      pb         code
trading_day
2010-01-05  170.99  171.50  169.00  1    36.003880  11.471440  600519
2010-01-06  168.99  169.50  166.31  1    35.434414  11.289998  600519
2010-01-07  166.76  167.19  161.88  1    34.788452  11.084184  600519
2010-01-08  164.00  164.00  160.10  1    34.422974  10.967736  600519
2010-01-11  163.60  164.90  160.50  1    34.272110  10.919668  600519
```

项目考核

基于小费数据，完成以下实操要求。

- 导入小费数据并展示。
- 查看 data 的数据统计信息并将列名修改为汉字。
- 增加 1 列“人均消费”。
- 分别分析性别和小费的关系、日期和小费的关系、性别+吸烟组合和慷慨程度的关系并进行展示。